戦前期農村の消費

概念と構造

●

尾関　学著

御茶の水書房

岡山大学経済学部研究叢書　第44冊

目　次

はじめに：本書の課題と構成 …………………………………………………… 1

第1章　経済史と統計調査史との関係 ………………………………………… 7
　1.1　経済史と統計 …………………………………………………………… 7
　1.2　日本の近代統計調査 …………………………………………………… 8
　1.3　統計調査と歴史分析 …………………………………………………… 10
　1.4　勘定体系について ……………………………………………………… 11
　1.5　統計調査史と消費の経済史 …………………………………………… 12

第2章　日本経済史における消費の研究 ……………………………………… 15
　2.1　経済史における生活水準：消費の視点から ………………………… 15
　2.2　経済史における消費研究 ……………………………………………… 17
　2.3　家計の調査 ……………………………………………………………… 22
　2.4　経済学における消費概念の検討：フローとストックを中心に …… 24
　2.5　生活様式と消費：ハレとケの消費を考えるために ………………… 30
　2.6　マクロの消費推計と現物消費について ……………………………… 32
　2.7　消費概念と経済史における消費研究のまとめ ……………………… 35

第1部　勘定体系のはじまりとしての町村是による分析
：町村是の資料論とフローとストックの消費について

第3章　町村是の資料論と町村是による消費の研究 ………………………… 41
　3.1　明治日本の町村調査のはじまり：皇国地誌について ……………… 41
　3.2　町村是について：「一村を一家と見做」した勘定体系 …………… 43
　3.3　町村是の資料論的考察 ………………………………………………… 49
　3.4　町村是を用いた消費研究 ……………………………………………… 60
　3.5　町村是の資料論にもとづいた消費の研究へ ………………………… 66

第4章　フローとストックの消費：茨城県町村是の被服消費概念から ……………… 69
　4.1　はじめに ……………………………………………………………………… 69
　4.2　消費の推計方法 ……………………………………………………………… 70
　4.3　消費概念の再検討：茨城県町村是の資料論的考察を通じて ……………… 73
　4.4　茨城県の町村是による推計 ………………………………………………… 78
　4.5　本章のまとめ ………………………………………………………………… 86

第5章　大正初期の山梨農村における衣食住の消費水準と構造 …………………… 89
　5.1　はじめに ……………………………………………………………………… 89
　5.2　村是の勘定体系 ……………………………………………………………… 91
　5.3　自家生産と購入 ……………………………………………………………… 95
　5.4　ストックとフロー ………………………………………………………… 105
　5.5　消費行動の様式 …………………………………………………………… 110
　5.6　本章のまとめと今後の課題 ……………………………………………… 118

第2部　勘定体系の成立としての農家経済調査による分析
：農家経済調査の形成とその消費分析の可能性について

第6章　戦前日本の農家経済調査の形成とその現代的意義について：農家簿記からハウスホールドの実証研究へ …………………………………………………………… 121
　6.1　町村是から農家経済調査へ ……………………………………………… 121
　6.2　戦前日本の経験と現代の開発経済学：自営業世帯の経済活動から ……… 123
　6.3　戦前日本の農家経済調査の変遷過程 …………………………………… 124
　6.4　農家簿記について ………………………………………………………… 127
　6.5　農業経済学の導入と制度化 ……………………………………………… 129
　6.6　農家主体均衡論と「京大式農家経済簿記」 ……………………………… 132
　6.7　農家主体均衡論からハウスホールド・モデルへ ……………………… 137
　6.8　まとめにかえて：農家経済調査とハウスホールド・モデルによる実証研究 ‥142

第7章　1931（昭和6）-41（昭和16）年の農家経済調査：その内容と消費分析の可能性について……145
- 7.1　はじめに……145
- 7.2　1931-41年の第4期農家経済調査について……145
- 7.3　調査対象世帯と全国平均について……152
- 7.4　1931-41年における農家経済調査の実態……158
- 7.5　第4期農家経済調査の分析可能性：農家の食料消費に焦点をあてて……166
- 7.6　本章のまとめと今後の課題……173

おわりに：本書の成果と残された課題，そして今後の展望について……175

図表および資料
- 表2.1　生活水準の指標：貨幣的と非貨幣的……35
- 資料3.1　皇国地誌の作成とその調査内容……41
- 資料3.2　町村是の「現況之部」調査事項……43
- 資料3.3　福岡県八女郡『下妻村是』の「歳入出決算表」……53
- 資料3.4　福岡県八女郡『下妻村是』の「生産額」と「消費額」……53
- 資料4.1　茨城県の「町村是調査標準」……75
- 資料4.2　茨城県「生活消費」の表式の一部……76
- 表4.1　町村是のフローと他のフローとの比較……84
- 図5.1　消費の概念……94
- 表5.1　品目別被服費：清田・国里村，豊村……96
- 表5.2　「輸入」被服と染織裁縫費：清田・国里村……98
- 表5.3　品目別食料費：清田・国里村（1）……101
- 表5.4　住宅と家具支出：清田・国里村……103
- 表5.5　被服ストック：清田・国里村，豊村……106
- 表5.6　住宅・家具ストック：清田・国里村，豊村……107
- 表5.7　衣・住フローのストックにたいする割合：清田・国里村……109

表5.8	消費パターンの要約：清田・国里村，豊村	110
図6.1	大槻の農業経済学研究と田中・中嶋による農家主体均衡論の形成	133
表7.1	第4期農家経済調査の府県別調査対象世帯数	147
表7.2	耕作面積の広狭による調査世帯の分類（1931年）	149
付表7.a	耕作面積の広狭による調査世帯の分類（1936年）	151
付表7.b	耕作面積の広狭による調査世帯の分類（1941年）	152
表7.3	調査農家戸数のうち，全国平均に採用した農家	153
図7.1	物価指数（農産物価格と農村消費者・1931-41年・1934-36年＝100）	154
図7.2	『累年成績』総所得と家計費（全国・自作・『累年成績』・実質値）	155
図7.3	『累年成績』総所得と家計費（全国・自小作・『累年成績』・実質値）	156
図7.4	『累年成績』総所得と家計費（全国・小作・『累年成績』・実質値）	157
表7.4	食料消費推計の概念と項目	168
表7.5	食料消費の項目と農家経済調査の記載事項	170

あとがき ……………………………………………………………………… 183

文献一覧 ……………………………………………………………………… 185

索引 …………………………………………………………………………… 199

はじめに：本書の課題と構成

　経済史の研究においては，家計・企業・政府という3つの経済主体のうち，企業による生産と政府による政策および財政の研究がその多くを占めている．それらに対し，経済主体としての家計を扱う研究は，絶対数としても多くはない．また，家計を対象とする研究は，農家世帯における生産，または世帯の労働供給がその中心であり，家計における消費を扱う研究は，あまり多くないのが現状である．

　本書は，戦前日本の農村・農家における消費の実態を明らかにすることを目的として，町村是および農家経済調査という二つの資料群を用いて，分析したものである．対象となる時期は，1890-1910年代および1930年代であるが，その前後を含めた時期について，一人あたりのGNE(国民総支出＝GNP(国民総生産))と消費水準の変化を，『長期経済統計』を用いた西川・阿部(1990)から確認したい[1]．

　まず，一人あたりのGNEからみていくと，1885(明治18)年には101円であったものが，1900(明治33)年に142円，1915(大正4)年は161円，そして大正ブーム，昭和恐慌を経て，戦時経済の入口である1940(昭和15)年には317円となった．また，平均年率による成長率は，1885-1900年が2.28，1900-1915年には，低下して0.84，そして1915-1940年は，2.77へ上昇した．

　一方，一人あたりの消費支出は，1885年に86円であったものが，1900年には120円，1915年には128円，そして1940年には186円となっている．その平均年率による成長率は，1885-1900年が2.22，1900-1915年には，低下して0.46，そして1915-1940年は，1.51へ上昇したが，GNEと比較するとその伸びは小さい．そこで，消費率，すなわち消費支出のGNEに対する比をみていくと，1885年が85.3%，1900年も84.5%とほとんど変化がないが，1915年は79.9%と15年で5ポイントも低下し，さらに1940年になると58.6%と6割を切ってしまう．

　以上の考察は，対象とする時期，すなわち1880年代の半ばから1940年代までの間に，GNE(=GNP)の成長が見られたにもかかわらず，消費が切り詰められたという印象を

---

[1] 以下，続く三段落は，西川・阿部(1990)，pp.45-49による．なお，金額は1934-36年価格によって実質化されたものであり，ここでは銭以下を四捨五入した値を記す．

- 1 -

もつかもしれない．しかし，消費の水準でみれば，1885年と比較すると1940年には2.2倍ほどになっているのである．それゆえ，消費支出は期間を通じて大きく伸びたのである．本書は，このような時代における消費の問題について，農村・農家における消費の実態から，検討を加えて行きたい．

さて，本書が取り上げる消費の研究は，日本経済史において，生産の研究と比べると大幅に少ない．そして，その議論の中心は，いまみてきたような，マクロの消費水準をはじめ，市場の形成に伴う商品購入の割合が高まること，「文明開化」による洋風化，などである．さらに，消費を購入，家計支出のみで捉える傾向があった．それは，都市生活および一国を単位とするマクロ推計から検討する限り，その解釈は妥当であろう．しかし，本書が対象とする農村・農家においても，そのような解釈をそのまま適用してもよいのであろうか．

その問題を考えるため，従来の消費の経済史研究にみられた視点に対して，本書は別の視点からのアプローチをとりたい．それは，これまでの研究において，問題として指摘され，その分析の重要性も認識されていたにもかかわらず，具体的な研究成果が十分にはあげられていない，次にあげる消費の二つの視点についてである．すなわち，消費における(1)フロー（購入・自家生産）とストック（財産からの消費サービスを享受すること），ならびに(2)現物消費，についてである．これら二つの視点は，日本経済史における消費研究の主要なテーマである，上記のマクロ推計，市場化，洋風化など，一国レベルの研究や都市部の家計分析などによる観察では，その実態の把握，そして分析が難しいものである．なぜなら，これら二つの視点は，当時の有業人口構成比で50％を越えていた農業に関わる人々，すなわち農村，そして農家世帯における消費活動と密接に関わっていたからである．その点を具体的に述べてゆこう．

農家世帯における農産物の生産は，市場向け販売の比重もさることながら，農家の自家仕向現物，すなわち現物消費用の生産も重要であった．そして，農村においては，都市とは異なる生活様式，とりわけ冠婚葬祭における濃密さ，いわゆるハレとケの生活様式が存在した．加えて，消費行動自体の問題もある．現在の私たちは消費を貨幣支出による購入と同一視している．しかし，消費とは，購入，自家生産のみならず，現在保有している財，すなわちストックからの消費サービスも含むものである．それ

は，住生活はもとより，衣生活，食生活にまでおよぶものであった．これらの点について検討を加えたい．

そして，消費の実態について検討するにあたっては，資料の性質についても触れておきたい．本書は，明治中・後期から大正初期にかけて調査・刊行された町村是という村を単位とする資料，そして，昭和初期に調査・刊行された農家経済調査という家を単位とする資料を利用する．これら二つの資料は，収入と支出の勘定体系を有していた．そのため，現在の国民経済計算と同様に，そこに記載された計数には，ユニークな意味を持つものもある．その点についても注意を払いたい．

さらに，いま述べたように，本書の第1部では町村是という村を単位とした資料を利用し，第2部では農家経済調査という家を単位とした資料を利用する．よって，第1部と第2部では利用した資料の調査対象がことなる．この点については，第6章の冒頭で，租税賦課の対象が徳川日本の「村請制」から明治日本の地租改正後に変化したこと，そして，日本における農家経済調査の先駆けである斎藤萬吉と町村是および農家経済調査との関係から考察を加えた．これは，明治中期から昭和戦前までの農村・農家の消費行動を，マクロ，すなわち一国レベルの時系列による推計ではなく，村および家を単位とした資料群を利用した分析可能性への問題提起を目指したものである．

以下，本書の構成とその内容についてみていこう．

第1章は，歴史統計を利用する経済史研究において，統計調査史の重要性ならびに経済史との関係について，資料論的な考察の必要性を論じた．

第2章は，経済史における消費研究と消費概念について検討する．はじめに経済史の先行研究を検討し，生活水準研究における消費の問題を検討した．さらに，『長期経済統計』から一国単位の消費水準のマクロ推計について検討する．そして，経済学における消費概念，とりわけストックからの消費サービスについて検討した．その結果，経済史における衣食住の消費研究において，フローとストックの消費，ならびに現物消費などの分析が必要であることを述べたい．

第1部では，町村是の資料論，フローとストックの消費，そして消費構造の分析をおこなう．

第3章は，町村是についての資料論を先行研究から検討した．そこでは，町村是を

利用したこれまでの消費研究が，フローとストックの違いを区別せず，記載された消費をすべて貨幣支出額，すなわちフローの購入として捉えていた点について，改善の必要があることを指摘した．つまり，本章では，町村是の資料論的検討にもとづく消費研究が必要であることを主張する．

第4章は，消費概念の検討，ここではフローとストックの消費概念を茨城県の町村是資料から明らかにし，被服の消費構造を分析した．その結果，当時の農家世帯にとっての被服は，フローの消費財というよりは，ストック価値を有する消費財であったことを明らかにした．それは，被服ストックからの消費サービスによる便益の享受を具体的な数量で推計できることを示すものである．

第5章は，山梨県の町村是から衣食住のフローとストックの消費水準とその構造を分析した．

第2部は，農家経済調査について，その形成過程を現代の開発経済学との関連で論じ，資料論的考察を経て，消費分析の可能性について論じた．

第6章では，はじめに第1部で議論した町村是と第2部で議論する農家経済調査との関係を論じる．そして，現代の開発経済学で用いられる主要なツールのひとつである，ハウスホールド・モデルの源流のひとつである日本生れの農家主体均衡論の形成から，戦前期農家経済調査の形成過程を論じた．それはまた，戦前期農家経済調査の分析が，現代の途上国へ「日本の経験」を示すことの意義について論じたものでもある．

第7章は，一橋大学経済研究所附属社会科学統計情報研究センターでデータベース編成作業がすすめられている，1931(昭和6)-41(昭和16)年の農家経済調査についての資料論である．そして，このデータの食料消費分析への可能性について論じた．

そして，「おわりに」において，これまでの議論をもう一度振り返り，「はじめに」で示した課題に対する回答として，本論文の分析結果を示した．また，残された課題について述べ，それに対する回答という形式をとって，本論文の今後の展望について述べたい．

最後に，本書の各章のタイトル(サブタイトルは省略)と元になった論文を掲載する．

はじめに　[書下し]

第1章　[書下し]

第2章　日本経済史における消費の研究

　　[尾関学(2009c)『戦前日本の農村・農家の勘定体系からみた消費の実態——1890-1910年の町村是と1930年代の農家経済調査による資料論的アプローチ』一橋大学大学院経済学研究科博士学位論文，第1章を加筆・修正]

第1部　勘定体系の始まりとしての町村是による分析

第3章　町村是の資料論と町村是による消費の研究

　　[尾関(2009c)，第2章「町村是の資料論」を加筆・修正]

第4章　フローとストックの被服消費

　　[尾関学(2003)「フローとストックの被服消費——明治後期の茨城県『町村是』による分析——」『社会経済史学』Vol.69, No.2の一部を加筆・修正]

第5章　大正初期の山梨農村における衣食住の消費水準と構造

　　[斎藤修・尾関学(2004)「第一次世界大戦前の山梨農村における消費の構造」有泉貞夫編(2004)『山梨近代史論集』岩田書院，所収，を一部加筆・修正]

第2部　勘定体系の成立としての農家経済調査による分析

第6章　戦前日本の農家経済調査の形成とその現代的意義について

　　[尾関学・佐藤正広(2008)「戦前期農家経済調査の今日的意義——農家簿記からハウスホールドの実証研究へ——」『経済研究』Vol.59, No.1,の筆者執筆部分(第1節，第3-7節)の一部を加筆・修正]

第7章　1931(昭和6)-41(昭和16)年の農家経済調査：その内容と消費分析の可能性について

　　[尾関学(2009b)「1931-41年の農家経済調査」佐藤正広編(2009)『農家経済調査の資料論研究：斎藤萬吉調査から大槻改正まで(1880-1940年代)』(統計資料シリーズNo.63)一橋大学経済研究所附属社会科学統計情報研究センター，所収，を一部加筆・修正.]

おわりに　[書下し]

なお，本書の執筆に際しては，日本学術振興会科学研究費補助金の支援を受けた．記して謝意を表す．

「戦前期農家経済の実証分析:パネルデータ化の試み」（基盤研究（A）：222430301，研究代表者：一橋大学北村行伸教授，2010-2012年度）

「戦前期農家経済のダイナミックスと制度分析」（基盤研究（A）：70313442，研究代表者：一橋大学北村行伸教授，2013年度より）

「近代日本における統計調査制度の発展に関する研究」（基盤研究（B）：26285074，研究代表者：一橋大学佐藤正広教授，2014年度より）

「明治・大正期農村経済への数量アプローチ」（若手研究（B）：23730325，研究代表者：尾関学，2011-2013年度）

　また，共著論文の利用を認めていただいた斎藤修氏，佐藤正広氏にも記して謝意を表す．

第1章　経済史と統計調査史との関係

1.1 経済史と統計

　経済史とは経済の歴史を叙述する学問である．ひと口に経済史の研究といっても，その間口は非常に幅広い．そして，経済の歴史を叙述する際には，さまざまな資料を用いる．それらは，ある企業の資料，政府の政策についての資料，または個別の商家や農家の資料など多様な形態で残されている．さらに日本においては明治時代以降になると，政府によって様々な統計調査が実施され，その調査に基づいた統計が作成・刊行された．そのおかげで，とくに明治以降の経済史研究は，歴史統計を利用する研究，すなわち数字にもとづいた経済史研究を行うことができる．歴史統計を用いて行う数量史的な経済史の方法は，資料の収集・整理・加工，そしてその分析を行うことが基礎にある．それは，数量データにもとづく実証的方法でもある．

　統計という数量データを根拠として歴史を考えることの利点は，より客観的な表現が可能となるところにある．たとえば，「とても大きい」という言葉がでてきたとき，それが「どれくらい大きい」のか分からないことがある．そのような場合でも数量データで示すならば，精確な分析と叙述との可能性を大きくする．また，数量に基づいた議論は，データの定義，調査基準，および尺度などをきちんと定めるならば，比較をも可能にする．それはまた，単に違いを数字で表すことができるだけではなく，比較を通して，そのような相違をもたらした要因は何かを考える手がかりが得られることもある．さらに，数量データを時系列に沿って並べることによって，分析の対象とする時代や時期の傾向をつかむことができ，また，数字と数字を突き合わせることによって，たとえば相関関係のような規則性を見つけることができる．このように，経済史の分析において数量データの利用は，多くの利点を含んでいる．

　現在，さまざまな統計資料が私たちの周りに存在する．そのため，統計とは，刊行された統計資料から利用できるもの，と考える人もいるだろう．実際，現代経済の実証分析を行うならば，必要なデータが所蔵されている機関を調べ，そこからデータをダウンロードして利用する，といったことからも理解できる．しかし，歴史の場合は，現代と比較するならば，上記のような意味で完成した統計というのは，そう多くはな

い．それでも，後述のように，明治以降の日本では，国家がさまざまな統計を調査・刊行したので，現在の私たちも経済史の分析データとして，さまざまな歴史統計を利用することができる．

データは，そのままでは何も知ることができない．データを分析するためには，何かを知りたい，調べたいなど，何らかの目的をもってデータに問いかけることによって，データは，知りたいことをものがたる．本書では，日本経済の歴史について，何らかの問いをもってデータに問いかけることになるだろう．そのときの分析枠組みを提供してくれるのが経済理論であり，データを整理する手助けをしてくれるのが統計学，本書では，とりわけ記述統計である．

近年，数量化データの分析が盛んに見される．データがたくさん存在すればするほど，そのデータに基づいた研究は，ある現象を実証したといえるだろう．このような数量データを用いる際，データの定義が重要になることはいうまでもない．すなわち，統計調査における調査の定義が重要になってくるのである．そのため，日本において統計調査がどのように発展してきたのか，確認をしておきたい．

1.2 日本の近代統計調査[2]

統計調査は，古代から為政者にとって重大な関心事であった[3]．それは，自らが統治する領土の人口や生産物の多寡が，その国の規模を規定していたからである．そのため，為政者は，古代ローマの時代から人口調査をはじめとする各種調査を実施していた．もちろん，日本においても大和朝廷の時代から「庚午年籍」や「庚寅年籍」などの人口調査が開始された．その後，太閤検地の実施と徳川日本における石高制により，生産量の把握がある程度可能となった．また，歴史人口学の研究に用いられる人別帳や宗門改帳などは，人口調査でもあった．しかし，徳川日本は，幕藩体制といわれるように，幕府と各藩の連合国家であった．それは，現在の私たちがイメージする統一国家という実態からは，すこしずれていた．さらに，これらの調査はいわゆる書き上げ調査であった．それは，現在の私たちがイメージする統計調査とは形式が異なり，加

---

[2] 明治以降の日本の統計調査史については，まず，相原・鮫島(1971)，藪内(1995)の2冊を参照されたい．
[3] 以下，本パラグラフの歴史事例は，藪内(1994)，第1章(pp.12-22)による．

えてこれらの調査には表式が存在しないので，一瞥するだけでは数値情報を把握することができない．

以上のように，物事を数量化する作業は，いわゆる近代国家の成立以前から行われてきた．しかし，数量化にとって近代国家の成立は，その中身を大きく変容させた．

国家による統一的な調査の本格的な実施は，おもに西洋の近代国家の成立によっていたことに異論はないであろう[4]．そして，日本の近代国家の成立といわれる明治政府によって，統一的な調査が実施されることになった[5]．その際，とくに日本が国家のモデルとして重視したドイツの影響が大きなものであった．

明治政府は統一国家として国状を把握する必要があった．それは，自らが統治する領域内の人口，土地，生産量などを調査することであった．そして，全国にこれらの調査を指示し，実施することが可能となったのは，まさに中央集権国家として明治政府が成立したことによっていた．その際にモデルとなったのが，先に統一的な調査を実施していた西洋諸国，とりわけドイツの統計調査であった．

上述のように明治政府にとって国内のすべてを調査すること自体が必要かつ重要であった．その結果として，明治日本の統計調査は，マクロ統計が中心となった．確かに，各種の統計調査によって国状の把握は，可能となった．だが，その内部構造について把握することは二の次になる嫌いがあったと思われる．とくに本書との関連では，たとえば，農業統計のひとつである「農商務統計表」は，そのほとんどが生産量のみの調査となり，生産の主体である農村，農家の構造調査が欠落することになった．その部分を補う調査として，前田正名は『興業意見』において農村の現状を分析し，そこでは生計費調査も実施された．さらに，斎藤萬吉による農家経済調査が実施されるようになるまで，農家の構造についての調査は，ほとんど行われていなかった．

本節で述べた明治政府が実施した統計調査は，その多くが現存しており，歴史統計として歴史研究に従事する私たちにとっては，なくてはならない資料群である．そこで次節では，統計調査と歴史分析との関係について述べてゆきたい．

---

[4] 近代国家の成立と統計制度の成立についての比較史については，安元(2007)を参照．
[5] 日本の近代国家と統計調査との関係については，佐藤(2002)を参照．

1.3 統計調査と歴史分析

前節でみてきたように,明治時代に入るとさまざまな統計調査が実施された.これらの調査結果は,当時の現状を表章したものであった.しかし,当然のことながら,これらの調査結果は,年を経れば過去の状況を示すことになる.よって,私たちは歴史分析に用いる史資料のひとつとして,過去の統計調査を歴史統計という形で手に入れ,その分析を行い,当時の経済社会についての状態や構造を分析することが可能となる.

統計は現在のものであれ過去のものであれ,一見すると何の変哲もない数値である.よって,現在の概念,たとえば経済分析で用いられる諸概念を用いて,現在と過去の相違なく,そのまま分析が可能と考えられるかもしれない.しかし,実際には,過去に調査された統計に記載された数値は,現在の私たちが認識している概念とは異なる意味を有しているのかもしれない.本書ではその点について注意を払いたい.それは,当時の人々の経済に対する考え,認識が如実に表されているかもしれないのである.すなわち,歴史統計の数値には,当時の経済現象を当時の認識で示していることがあることを改めて提起したい.

このことを明らかにするためには,各種統計調査の実施に際して発行された調査マニュアル——本書では調査標準と呼ぶ——それ自体を確認する必要がある.正確には,統計数値の分析よりも前に,調査標準そのものを分析対象とすることが必要である.そして,調査標準の分析の結果,統計数値の内容をより詳細に理解し,統計数値が意味する内容を把握することが可能となるであろう.さらに調査標準と調査された結果である統計数値との間に,認識のズレが生じている場合は,分析に際してより一層の注意が必要となる.認識のズレは大きくふたつあり,ひとつは統計数値の信頼性についてであり,もうひとつは前述した当時の人々の経済に対する認識が如実に表されている場合である.それはまた,西欧起源の統計学と人々との認識のズレ,つまり学問としての統計学と人々の経済活動,経済現象に対する認識とのズレでもある.本書ではこの問題について検討を加えたい.

さて,明治以降に実施された統計調査,統計学は西洋の学問体系のひとつであるが,企業の実態を調査・分析する学問として会計学,簿記もまた西洋から新たな学問とし

第1章　経済史と統計調査史との関係

て導入された．会計学，簿記の特徴は，収入と支出との勘定体系にある．現在のマクロ経済分析の基本データとなる国民経済計算（System of National Accounts; SNA，以下SNAと表記する）は，収入と支出との勘定体系から一国単位の経済，さらには多国間の経済を分析する．そして，本書で分析に用いる町村是ならびに農家経済調査は，それぞれ収入と支出との勘定体系を基盤においた統計調査なので，節を改めて勘定体系としての会計学，簿記について触れておきたい．

1.4　勘定体系について

　収入と支出の勘定体系をメインフレームにしている学問が会計学，簿記であり，明治期に経済学，統計学，統計調査などとともに輸入され，定着していった．そして，経済の構造を収入と支出の勘定会計から体系的に示すのが，SNAである[6]．SNAは，ラグナー・フリッシュやジョン・メイナード・ケインズらの研究を端緒に，リチャード・ストーンなどによって，その体系化がすすめられた．SNAは各種の勘定から全体の体系が構成されているが，いちばん基本となるのが収入と支出の勘定体系である．

　また，一国全体の経済について，その収入と支出を示しているSNAは，社会会計とも言われている[7]．ここでもう少しSNAの視点から勘定体系について説明しておきたい．

　SNAの勘定体系は，総生産と総支出とのバランスが重要なので，総生産と総支出それぞれの推計作業が重要となる[8]．日本の歴史統計についてみるならば，総生産については，明治の初めから「物産表」や「農産表」などにより，生産のデータを利用できる．しかし，総支出については，明治時代から始まるマクロレベルの消費についてのデータは，管見の限り見当たらない．明治以降の日本の加工統計のひとつに『長期経済統計』シリーズがあり，そこでは「個人消費支出[9]」を推計している．ただし，これは生産統計から出発したコモディティ・フロー法に基づいて消費額を推計したものであるため，

---

[6] SNAの歴史については，作間編（2003），第2章2-1を参照．
[7] 『価値と資本』，『経済史の理論』など，経済学全般に大きな影響を与えた，ジョン・リチャード・ヒックスには，『経済の社会的構造：経済学入門』（Hicks(1971/72)）というテキストがある．その内容は，いわゆる国民所得分析が中心である．
[8] この点については，幕末長州藩で作成された「防長風土注進案」を利用した西川俊作の研究について，勘定体系の重要性から論じた，尾関（2013a）を参照．
[9] 篠原（1967）．

実際に家計が消費した量と額からは，ズレが生じることは否めないであろう．一方，マクロレベルの統計調査ではないが，本書で利用する町村是と農家経済調査では消費の調査が行われていた．そして町村是と農家経済調査は，収入と支出の勘定体系を有した統計調査であった．

町村是については，第3章でその内容を説明するが，調査の主目的は「一村を一家と見做」して町村の収入と支出の勘定を求める調査であった．そして，町村是には調査を実施するための詳細なマニュアルである調査標準が存在していたこともあり，調査の目的と実施内容を明確に示していた．さらに詳細な統計調査を行う際に必要な項目の一つである個別世帯の調査票，すなわち個票調査を導入していた[10]．

収入と支出の勘定体系による調査は，農家経済調査によっても進められた．その内容は，第6章以降で詳述するが，生産と消費の統一的な調査，すなわち収入としての生産と支出としての消費の双方を家計簿や日誌などによって調査した．さらに消費については，購入のみならず農家の自家生産物や贈与などの現物消費についても判明する．これらの収入と支出の勘定体系に基づいた調査は，当然のことながら支出についても詳細に調査する必要があった．生産量の調査が中心であった明治期以後の統計調査の中では，町村是と農家経済調査において，都市部を中心として各種家計調査などとともに，農村および農家における消費の実態についての調査が実施された．

1.5 統計調査史と消費の経済史

本書では，おもに明治時代から大正時代にかけて調査・刊行された歴史統計のうち，町村是と農家経済調査を利用して消費の経済史分析をすすめる．そして，人びとが財・サービスを消費するという経済活動には，財・サービスの購入および支出というフローの経済活動のみならず，ストックの利用を消費として認識していた事実を明らかにした．これは，現在の私たちは，購入や支出を消費の経済分析として進めているが，それだけでは，当時の人びとの消費の経済分析には不十分であり，ストックの利用ということを消費行動として行い，認識していたことをあらためて確認する必要がある．

---

[10] 森(1909), pp.25-28. ならびに森が調査に携わった『愛媛県温泉郡余土村是』(1901)も参照されたい．

第 1 章　経済史と統計調査史との関係

それは，消費という言葉自体，「費やして消す」という意味を持っていたこと，このことが人びとの経済活動においても重要であったことを示すのである．その意味は，明らかに現在の私たちが認識している支出，あるいは購入という意味に限定して消費として扱うことよりも，より広い意味を有している．加えて，猪木（1987）が指摘しているように，一度購入した耐久消費財の利用，さらには中間投入財の購入といった場合，消費をどのよう捉えていくことが必要になるか，あらためて考えていかなくてはならない[11]．一見すると，筆者がここで述べていることは，迂遠にすぎるかもしれない．しかし，人びとの消費行動をできうる限り丁寧に追いかけて実証していく作業が必要であると思う．この作業は，当時の人びとの消費行動を明らかにするのみならず，現在の私たちの消費行動の解明にもつながると筆者は考えている．

さらに資料論分析を行うことによって，農村・農家の自家消費についても言及したい．これは消費を財・サービスの購入，家計支出という側面だけから取り上げるのではなく，当時の農村における消費行動を精確に把握するために，市場向け消費と自家消費とを区別して考える必要がある．まず，町村是ではストックからの消費問題を扱うが，さらに自家消費の重要性についても言及した．町村是で示した自家消費は，戦前日本の代表的な調査のひとつである，農家経済調査においても継続して調査されており，ここでも自家消費と現物消費と市場向け消費を区別する必要がある．これらを経済史のテーマとして分析するために有効な方法のひとつが本書であつかう資料論であると考えている．

本書は，日本の経済史と日本の統計調査史との交差する点を分析対象とする．日本経済史では，これまであまり取り上げられることのなかった消費の経済史について分析し，統計調査史の分野では，国民経済計算に代表されるマクロ統計と家計調査に代表されるミクロ統計との間にある，町村を対象にしたセミ・マクロ的な町村是をおもに使用する．あわせてミクロ統計のひとつである，生産と消費というフローの経済活動，その両方を兼ね備えた農家経済調査を用いた分析をすすめた．

以上をまとめると，本書は統計調査史の視角から，明治期から昭和戦前期にかけての日本の農村・農家を中心とした消費の経済史分析とその可能性について述べたもの

---

[11] 猪木(1987)，第4章4.1，とくに「経済学における消費重視」(pp.125-127)を参照.

である．

第2章 日本経済史における消費の研究

2.1 経済史における生活水準：消費の視点から

　日本経済史の研究において生活水準を扱った研究は少ないと思われる．斎藤 (1998) がタイトルに「生活水準」を掲げているが，他はあまり目にしない．そこで，経済史における生活水準研究を考えるきっかけとして，執筆された時期が少し遡るきらいがあるが，イギリスにおける生活水準研究の優れたサーベイである松村高夫の論文を取り上げる．まずは，ここから，経済史における生活水準研究のテーマと問題点をみることにしたい．

　松村 (1970) は，ハートウェル＝ホブズボーム論争が提起した生活水準の3つの論点，すなわち (1) 実質賃金，(2) 食料品消費，(3) 国民所得をめぐる論争を取り上げる．そして，松村はこれらの論争から，産業革命期の生活水準研究についての問題点を3つあげる．第一は，生活水準測定の対象時期と比較時点をどこに定めるか．第二は，生活水準測定の対象とする労働者階級の諸階層と地域の妥当性．第三は，生活水準を統計的に測定すること自体の意義である．

　一般に生活水準というと「量」と「質」のどちらかで議論されることが多いように思われる．しかし，上記の指摘は，そのどちらも考慮に入れなければならないという，非常に難しい問題を経済史研究に提示する．現代の経済学の実証研究においても，生活水準を測定することは難しい．資料的制約が加わる歴史研究では，この問題を取り上げること自体が難しくなるように思われる．

　さて，松村は，このサーベイから20年後に再び生活水準研究のサーベイを行っている．次にその論文を取り上げ，生活水準研究の対象と問題点を見ていくことにする．

　松村 (1989・90) は，ハートウェル＝ホブズボーム論争以降の研究史を次のようにまとめる．生活水準は，実質賃金の議論に集中し，以前のサーベイ論文 (松村 (1970)) において，生活水準の指標としてあげられていた消費財消費や国民所得は，生活水準の指標と見なされなくなっている，と述べて，まず，リンダートとウィリアムソンによる全国的な実質賃金の推移を取り上げる．彼らの研究に対する批判として，(1) 名目賃金データの信頼性，(2) 生計費指数の取り扱い，(3) 失業率の生活水準への影響，と

いった3点を松村は指摘する．次に彼は，これらの問題に対し，地方史レベルでの賃金，生計費資料を収集し，その地方の実質賃金を算出したニール（年齢群アプローチ），グーアビッシュ（2つの生計費指数を労働者階級の中に設定する），バーンズビー（安楽な生活に必要な最低水準と生存に必要な最低水準）など7人の研究を考察する．

　これらの議論から松村は，イギリスにおける生活水準としての実質賃金の研究は，地方レベルと全国レベルとの統合が試みられるが，その結果については未知数であるとして，実質賃金についての議論を閉じる．そして，最後に1990年当時の生活水準研究の問題点を三つあげる．一番目は，物質史（衣食住）の重視，生活様式の側面を考慮に入れる必要性があること．二番目に，対象時期を拡大する必要があること．三番目は，植民地支配と生活水準との関係を捉える必要があることを述べている．

　松村は実質賃金を扱った研究のサーベイを行い，生活水準研究の問題点を指摘することにウェイトを置いていた．彼がここで指摘した問題点は，日本経済史における生活水準の研究においても，そのいくつかは，あてはまるとおもわれる．

　だが，松村の二番目の指摘，つまり対象時期の拡大については，斎藤（1998）が，18世紀から20世紀にわたる実質賃金と労働と余暇の関係を明らかにしている．三番目の指摘も，戦前日本の植民地支配との関係から，考察に値する問題であると考えられる．しかし，生活水準自体をあつかうには少し問題の幅が広くなりすぎているように思われる．では，一番目に指摘された物質史（衣食住）を扱った研究は，日本経済史において広く取り上げられているだろうか．

　日本では，明治以降の各種統計の整備により，様々な事象を数値として認識することが可能となった[1]．とりわけマクロの推計では，『長期経済統計』によって，さまざまな分析が行われた．とくに食料関係の研究は，カロリー摂取量の推計なども含めて比較的進んでいるように思われる．しかし，被服と住まいの研究に関しては，あまり進んでいないように思う．そこで，本章では，衣・住を含めた衣食住の消費水準を取り上げたい．

　さて，「はじめに」で述べたように，消費の経済史研究における議論の中心は，マクロの消費水準の変化，市場の形成に伴い商品購入の割合が高まること，「文明開化」

---

[1] 中村（1992）を参照．

を起点とする洋風化，などである．それに対して，本書では，消費について別の視点からのアプローチをすすめる．それらは，消費における(1)フローとストック，(2)現物消費，についてである．これらの問題について考察を進めたいが，その前に消費の経済史研究を検討して，全体の見通しをつけることとしたい．

2.2 経済史における消費研究

日本の経済史研究において消費あるいは生活が主題となったのは，いつの頃からであろうか．そのタイトルに「生活水準」を掲げる，斎藤(1998)によれば，「生活水準の歴史は，戦後日本の歴史学にはまったく欠けていたタイプの研究である．わが国でも1970年代初頭に始まった数量経済史の研究テーマには生活水準の経済史に帰着するものが少なくないが，それはよほど新しい傾向であった．[2]」のである．以下，本節では日本の経済史学界における生活水準の研究として，生活と消費に関する研究動向を概観する．

はじめに，社会経済史学会がほぼ10年毎に出版している，学界の展望論文集『社会経済史学の課題と展望』の50周年号(1984)と60周年号(1992)から，生活水準と消費についての研究を確認しよう[3]．

まず，50周年号では，全部で43の論考が納められている．そこに含まれる生活および消費に関する論文は，山瀬善一「生活史の成果と課題—西欧」と矢木明夫「生活史の成果と課題—日本」のふたつである．次に60周年号をみると39の展望論文のうち，生活と消費に関わりのある論文は，4本掲載されている．掲載順にそのタイトルを示すと，草光俊雄「消費の社会経済史」，見市雅俊「医療と近代における人口動態—イギリスを中心に」，斎藤修「家族史と歴史人口学」，近藤和彦「民衆文化史：方法の問題として」である．50周年号と60周年号を比較すると，生活および消費に関する論文が増えている．この事例が意味することが，(1)50周年号の山瀬論文と矢木論文が提起した問題の展開によるのか，(2)海外の新しい研究動向の導入によるものなのか，(3)従来も少しずつ行われて来た研究が，急速に発展したためであるのか，ここでは問題

---

[2] 斎藤(1998)．p.viii．
[3] 以下，社会経済史学会編(1984)，同編(1992)による．

にしない．ただ一つ言えることは，経済史研究において生活と消費が主要なテーマになりつつあった，ということである．本節の目的は，日本の経済史研究における生活および消費に関する研究の概観である．そこで，これらの展望論文のうち，山瀬，矢木，草光の各論文を取り上げる．最初に山瀬論文から考察していこう．

2.2.1 山瀬善一「生活史の成果と課題－西欧」

山瀬(1984)は，「生活史の認識における問題設定，方法論的試行は，それらの中では必ずしも十分に認識されていないように思われる．この意味で，生活史自体の業績は今まで無かったといって過言ではない．[4]」と述べ，アナール学派，とりわけブローデルの考えに照らして，生活史の体系化を試みる．彼は，生活を「生存に関する側面」と「生存を出来るかぎり有意義に享楽せんとする側面」とのふたつの側面から捉えている．そして，この二つの側面の基礎になるのが家庭であると主張する．ただ，彼によれば家政学から生活史を描くだけでは，不十分であり，そのため認識の転換としてブローデルの考えを援用する．

ブローデルの「新しい歴史」の捉え方は，最近の生活史の諸分野における認識に大きな影響をあたえ，日常生活の諸構造の解明こそは，新しい歴史の目指すとところであり，ブローデルはここに物質生活の概念を設定した．山瀬は，この考えをもとに，「人間の生活環境を物質的環境と精神的環境」の在り方を包括する生活史の枠組みを設定する．ここで，先に述べた生活の二側面，すなわち「生存に関する側面」と「生存を出来るかぎり有意義に享楽せんとする側面」に現われる諸現象が，生活現象である，とする．そして，この生活現象の構成要素を説明することが生活史であると要約できる．その構成は，(1)家政の管理，(2)食事・衣服・住居，(3)結婚・セックス・育児，(4)労働と余暇，(5)病気・治療・死，以上の5つからなる．山瀬は，これら5つについての先行研究をまとめた．

山瀬の問題提起は，中村美幸の服装史や見崎恵子の食料史などの研究も生み出し，生活史研究を論じる際には，多いに参考すべき点がある．しかし，山瀬論文は生活の物質的側面に重点が置かれており，生活水準自体については議論されていない．だが，経済史における生活および消費の研究は，その水準を明らかにすることも目的の一つ

---
[4] 山瀬(1984), p.335.

である．後に，山瀬(1985)は，「《生活史》の提言：人間不在の経済史学からの脱却のために」というタイトルで，84年論文の展開を図っている．しかし，彼の主張はブローデルの援用であり，84年論文ととりわけ大きな変化が有るわけではない．では，次に山瀬と同じテーマで日本を扱った矢木論文を検討する．

2.2.2 矢木明夫「生活史の成果と課題—日本」

　矢木(1984)「生活史の成果と課題—日本」は，日本における生活史研究まとめている．彼は，「生活史という項目が，社会経済史学の研究状況に関する『課題と展望』に設けられたのは，今回が初めてではないかと思う．」，と述べている．また，彼は1978(昭和53)年度の社会経済史学会全国大会の共通論題(オーガナイザーは，前項の山瀬善一であった)を例に，社会経済史学の方法論の再検討と新たな構築のための問題提起から行われたことに注目する．ただし矢木は，一時的なブームで生活史が取り上げられることを危惧している．

　では，矢木は生活史をどのように定義づけようとしたのだろうか．彼は，経済史，政治史，法制史など歴史学の中心課題で扱われてこなかった分野は風俗史によって取り上げられてきた，と述べている．だが，同時に生活史は風俗史と異なるものである，と主張する．両者の違いは，対象を処理する方法の差異にあるとしている．つまり，従来の風俗史は政治史や経済史との関連を欠いている．よって，「これからの生活史に望まれる叙述の方法は，たとえば社会経済史などの関連においても，その構成方法の確立の中で位置づけが見出されるような厳密な視点に立ったものでなければなるまい．[5]」としている．

　また，生活史と関連の深い民俗学については，「一般的にいえば，生活史の補助学としての民俗学の重要性は，生活史研究に民俗学の果しうる功績の大きさは否定すべくもない．しかしやはり方法の差において，またそれが関心の差に基くものであるとしたら，民俗学をもってそのまま生活史に替えることはできない．[6]」，と述べ，生活史と民俗学との違いを強調する．

　そして，柳田国男『明治大正史・世相編』に代表されるような世相史については，「新

---

[5] 矢木(1984), p.350.
[6] 矢木(1984), pp.351-352.

しい事象が一般人の生活の中にどれだけ普及し定着したかということを，その時代の生活の様相として把握することが，本来の生活史の課題として重要である．」として，生活上における変化も重要だが，それが人々の間に定着するほうが，より重要であることを述べている．つまり，民俗学は，変化の様相を捉えることが可能であるが，加えてこうした傾向や変化が具体的にどの程度に量的，質的に進展したかについて，生活史の視点から指摘することができる．よって，これらの変化を「より詳しい時系列的な変化の追求を含んだものとして生活史につながってくることが必要である．こうした時系列的な変化は近代では統計的・計量的な方法で捉え」る必要を訴える．だが，近代以前にこの方法を適用することは不可能であり，「個別のケースが普遍的一般的傾向を示す事例の把握が重要である」と述べる．

　以上，矢木による生活史の主張を引用してきたが，ここでのポイントは3点ある．つまり，生活史は，(1)風俗史，民俗学，と一線を引く必要があること．(2)量的，質的な変化の過程を追うこと．(3)は，(2)と関連して，時系列的な変化の過程を捉える必要があることである．彼の主張は，経済史研究における生活史の意義を強く訴えるものである．また彼は，本論文に先立つ1978年に『生活経済史—大正・昭和編』を著しており，そこでは，上記の課題を家庭生活，すなわち家庭における消費生活から考察している．本来ならここで彼の著作を取り上げるべきだが，生活水準を時系列で扱った鬼頭(1996)とともに，後述する．

　以上，社会経済史学会の50周年論文集に掲載された生活史の論考をみてきた．山瀬と矢木がそこで述べた課題は，60周年論文集になると，先に見たように細分化され，それぞれに検討が深められている．生活水準を取り上げるには，各論文について紹介すべきだが，ここでは，消費に関するものとして，草光論文のみを対象とする．

2.2.3　草光俊雄「消費の社会経済史」

　草光(1992)「消費の社会経済史」は，英国の研究史にもとづき経済史における消費の問題を論じている．彼は，産業革命研究が盛んであるにもかかわらず，歴史家が消費を研究対象にしない最大の理由として，歴史家自身が消費について深い関心を払ってこなかったことをあげている．しかし，歴史家が「産業革命は大量消費を生み出した革命であったことが，暗黙の前提であることから，それ自体真剣な研究の対象であ

ることに気がつき始めた[7]」ので，消費の研究が行われるようになった，と述べている．

ところで消費社会とは如何に定義されるものであるのだろうか．草光も「消費社会が〔プロト工業化論と〕同様に有意義な分析概念になるためにはどのような点に注目していけばよいのか．」，として消費社会の成立から話を始める．そこで草光はまずJ.サークスとN.マッケンドリックの消費社会論を取り上げる．

サークスは，(1)国家の経済政策によって奨励された消費財の生産活動が一般的になること，(2)17世紀の流行により生み出された産業が国際的市場を視野に入れたものであったことなどを理由に，テューダー朝後半からステュアート朝に消費社会が成立した，と論じた．一方，N.マッケンドリックは，18世紀の消費革命，即ち人々が購買力を持つ社会になった時代を消費社会の成立と見なした．これらの消費社会論に対し草光は，十七あるいは十八世紀に消費社会の成立を見たとする議論にもし問題があるとすれば，彼らのいう大衆市場が本当に大衆の市場であったかどうか点にあり，消費社会の起源についての研究ははじまったばかりである，と述べている．そして草光は消費社会研究の展望として，「消費」の研究が必要であると主張する．では，彼が主張する「消費」とは具体的に何を示すのだろうか．

草光によると，「消費」は生産の対概念ではなく，貯蓄，倹約，節約などの対概念として捉え，「消費」と生産は相互に補完的な経済行為であると指摘する．そして，生産とともに消費の側面も検討すべきであること，消費を扱う場合，変化の側面が重視されるが，変化しない消費パターンも研究することが必要であることを主張する[8]．

ここでのポイントは，消費を貨幣支出ではなく，「消費」する行為と捉えている点にある．イギリス経済史における消費研究は，家産目録や遺産目録などによるストックを消費とする研究も多く存在することから，消費を考える際にこの視点は重要である．だが，そこでは当然の事ながら消費における「質」を問うことに重点が置かれ，消費における「量」を問うこと自体が問題として設定されていない嫌いがある．

---

[7] 草光(1992)，p.277
[8] 前者の生産と消費の関係については，草光(1988)において，イギリスの織物についてロンドン商人と北部の製造業者の認識を示した．また，後者の貯蓄，倹約，節約と消費との関係については，草光(2000)において，ポーコック『徳・商業・歴史』やハーバマス『公共性の構造転換』によりつつ，消費社会の成立を論じている．

以上，社会経済史学会編『社会経済史学の課題と展望』50周年号と60周年号に掲載された生活および消費に関する研究を概観した．展望論文集に掲載された諸論文からは，経済史研究における生活および消費は，量を対象とする研究よりも質を対象とする研究に焦点があてられていることが伺われる．その理由として，質的な研究は主に変化を扱うため，主張が明確になるからであろう．たしかに，草光の議論においても，変化しないものを研究することが必要であることが述べられている．以上から，経済史研究においては，消費における「質」の変化を中心に議論が進められている．
　ここでは学界の潮流から消費の経済史研究を検討してきた．つづいて，本論文が対象とする家計について，消費の経済史における先行研究に触れておきたい．

2.3　家計の調査

　本書は，農家という家計も対象とするので，ここで家計の経済史研究について触れておきたい．日本における数量経済史研究の初期から中心的な役割を果たしてきた中村隆英は，お茶の水女子大学家政学部で学生たちと一緒に家計簿の分析を行った．その成果である『家計簿から見た近代日本生活史』(中村編著1993)は，明治30年から昭和60年に至る25点の家計簿を詳細に分析したものである．この分析の長所は，一つの家で長期間にわたる家計支出を捉えることができることである．中村は，この利点を生かし，家計における消費支出のライフサイクル・パターンを描き出している．基本的には，昭和戦前期，戦時・戦後期，高度成長期以降の三つに上記の家計簿を分類して，家計消費支出のライフサイクル・パターンを分析している．
　この本に代表されるように，個別家計の分析は非常に重要であるが，それが特殊な家計である場合どのように一般化したら良いかという問題が存在する．それには，同一基準で調査された家計データが必要である．しかし，その問題については，ここで議論をしない．つづいて，複数の家計簿をある一つの視点で統合した，中西(2000)を見ていこう．
　中西(2000)「文明開化と民衆生活」は，明治の「文明開化」が民衆生活に与えた影響を財・サービスの消費活動から考察する．ここで中西が取り上げる「民衆」とは，基本的に有力資産家を含めた概念である．その理由は，「家」の経営という側面から見

第2章 日本経済史における消費の研究

ても，一般の世帯よりも家計簿が残存しやすいからであろう．

中西は，「文明開化」を都市と農村との地域間格差および各地域内での階層間の差異から捉えようと試みる．そこで用いる指標は，舶来品の普及度である．彼は，『明治事物起源』に記載された事例，『府県統計書』に記載された小売商の数，『全国商工人名録』等を駆使して，舶来品の普及度を図る．なお，分析した家計簿は大阪の米穀肥料問屋，多摩地方の旧庄屋，富山の資産家，岩手の地主である．

次に，『自作農農家家計に関する諸記録』(山形県)，『明治期農民生活の実証的研究』(富山県)，『明治後期における農家生活の実証的研究』(広島県)などを用いて，「明治期自作農文明開化関連支出」の一覧表を作成する．そこで取り上げられているものは，砂糖，散髪，蝙蝠傘，写真，人力車，授業料など12項目である．中西はここで自作農とまとめているが，その支出のレベルに若干違いが存在する[9]．

以上の舶来品の普及度による分析から，伝統的な生活世界と舶来的な生活世界の融合の度合いは有力資産家層と自作農層では大きく異なり，明治期を通して伝統的な生活世界が根強く残った自作農層に対し，有力資産家層は明治後期にかなりの程度舶来的な生活世界を享受し得るようになった，と中西は結論する．

中西の研究は，これまで個別世帯での利用が中心であった家計簿を，「文明開化」，「舶来品の普及」という視点で捉え，複数の家計簿を利用した点で非常に興味深いものがある．しかし，その家計簿は所得などが近似したものではなく，問屋や旧庄屋レベルと，家族労働により生活が成り立つレベル，すなわち自作農とを比較しており，それが同一レベルの「民衆」として捉えることには，すこしためらわれる．

これまで消費の経済史研究について検討してきたが，本論文が対象とする消費のアプローチについて述べるのが適当であろう．しかし，その前に経済学における消費概念について検討しておきたい．

---

[9] たとえば，山形県の自作農における被服支出額は，明治37年で一人当り2円27銭，広島の自作農は，69銭6厘である．なお，山形県に関しては，この記録を分析した大場(1960)，p.162第49表記載の数値より計算．広島県に関しては原本である鹿股(1966)，p.153記載の数値より計算．

2.4 経済学における消費概念の検討：フローとストックを中心に
2.4.1 耐久消費財の消費におけるフローとストックの関係について

経済学において，消費はどのように考えられているのだろうか．矢野(2001)によれば，「一般的には，消費とは生産の連鎖の最終段階における財・サービスの利用のことであると定義できる．[10]」，としている．つづいて彼は，「『大衆消費社会』といった表現では，消費者が市場で物を買うことと消費とが同義的に考えられている．物の購入と消費とが同義的に使われるのは自分で生産したものを直に消費するような人が少なくなってきており，消費者が消費する財・サービスのほとんどが市場で購入された物だからである．しかし，経済学では消費を本来の意味で捉えて，財の生産の最終段階で消費者が利用し，費消させてしまう行為であると考えるのが普通である．[11]」，と述べ，消費が購入より，広い意味で用いられていることを明確に示している．

さらに，消費財の性質，すなわち耐久消費財と非耐久消費財の，それぞれの消費についても考察する必要がある．それは，住宅，被服，自動車など，購入した財が資産となる場合，その収益を消費のかたちで数年にわたり享受することが可能となるからである．つまり，フロー（購入・自家生産）に加えて，ストックからの消費サービスについて，もう少し消費概念についてについて認識しておくべきことを確認しておきたい．はじめに，ストック，すなわち資産からの消費サービスについて，ミクロ経済学のテキストは，次のように述べている．

> 「資産(assets)とは，ある期間にわたりサービスのフローを提供する財のことである．資産は,家屋のように消費サービスのフローを提供することもあるし,また，消費財を購入するための貨幣を提供することもある．[12]」

このように耐久消費財の購入や自家生産は，ストックを形成する．ストックは，消費サービスを提供する．そのため，ミクロ経済学の消費者理論において，耐久消費財の消費水準は，使用者コスト（user costもしくは rental equivalent price）によって推

---

[10] 矢野(2001)，p.38.
[11] 矢野(2001)，p.38-39.
[12] ヴァリアン(2005/07)，p.183.

第2章　日本経済史における消費の研究

計される[13].

使用者コスト＝機会費用(利子)＋減価償却費

　よって，使用者コストの概念を用いれば，耐久消費財の消費には機会費用(利子)と減価償却費の双方が含まれる．ここでの機会費用(利子)がストックからの消費サービスである．しかし，その資産は，消費サービスの提供にともなって，その価値を減じていため，それを置き換える必要もある．この点について，『価値と資本』など現代経済学における基礎を形成した理論経済学の大家J.R.ヒックスは，耐久消費財の減耗と置換について，次のように述べている．

　「〔1970年1月1日－1970年12月31日を対象とする期間とすると〕1971年度に残された生産者財の数量が，1969年度から受けつがれた生産者財の数量に等しくなければならない理由はない．1969年度から受けつがれた単用生産者財は，大部分，1970年の生産に使用しつくされるであろう．かくして新しい財貨が，それを置換するために生産されるであろうが，これらの新しい財貨は，使用しつくされた財貨よりも，量において多いときも少ないときもあるであろう．1969年度から受けつがれた耐用生産者財のあるものは，また1970年度中に使用しつくされるか，または減耗するであろう．そして，減耗しないものでも，1970年1月よりも，1971年1月には1年だけ古くなっているであろう．このことは，しばしばそれらの財貨の寿命が1年短くなったことを意味している．既存の耐用財のこのような減価に対しては，新しい耐用財の生産がなされなければならない．しかし，減価は新しい生産によって完全に相殺されることもあり，相殺されないこともある．もし，それが完全に相殺されないならば，社会の処分しうるこの種の財貨〔耐用財のこと〕の量は，その年初よりも，年末において少なくなるであろう．もし，それが相殺される以上のものであれば，年末における数量は，より大きくなっているで

---

[13] 使用者コストについては，ミクロ経済学の消費者理論のDeaton and Muellbauer(1980)，pp.105-108，およびCh.13 The demand for durable goodsを参照.

あろう．

　減耗と置換についての同一過程は消費者財においても同様に生ずる．1970年は，前年度より若干量の消費者財（主として耐用財・家屋等々）を受けつぎ，そしてまた次年度へと若干量を譲り渡すであろう．年度内の生産活動の成否を検証する一つの方法は，年度末の諸量を，年初の諸量と比較すれば得られるのである．[14]」

　さて，耐久消費財の消費を考えるにあたって，使用者コストによる推計，およびストックの減耗と置換を考慮する必要があることを述べてきた．そこで，この使用者コストについてもう少し触れておきたいことがある．それは，使用者コストの暗黙の前提としてストックの評価額が所与である，という点である．さきに，ストックの減耗分が新しい財貨によって「相殺されることもあり，相殺されないこともある」と述べたが，それは新しい財貨の増減だけではなく，ストック自体の評価額の変動も考慮する必要があろう．ストック自体の評価額の変動については，次の二つが考えられる．

　ひとつは，現代の被服などのように流行要因の重視などによって，ストックの価値が急激に低下する場合である．その場合，ストックからの消費割合が一定であっても，その消費水準は低下してゆく．また，この場合には，それに見合って購入による消費が増加してゆくことが観察されるだろう．本書の第4章および第5章の結果を先取りすれば，当時の農村，農家における被服ストックの増加は，新奇の財よりも伝統的な消費財のストックの増加であった．よって，このような変化はまだ生じていなかったように思われる．だが，この問題は，消費の経済史にとってきわめて重要であり，耐用年数の短縮化と購入財の増加との関係を実証的に検討することは，今後の検討課題となろう．

　もうひとつは，本書で用いる町村是の資料論的な発想によるものであり，それはストックの評価自体の問題である．ストック自体の調査が先に確定されていない場合，すなわち調査者がストックからの消費の推定から，ストック自体の評価を行った場合は，減価償却の思考法を精確に認識していないと齟齬が生じる可能性があろう．この問題については，とくに第5章の山梨県の町村是から，再び論じたい．

---

[14] ヒックス(1971/72), p.39. ただし〔　〕内は引用者による．

以上，耐久消費財については，フロー（購入・自家生産）に加え，ストックからの消費サービスを考える必要があること．さらには，ストックの減耗と置換，そしてストックの評価額自体についても考慮する必要がある．その点を従来の消費水準の研究はどのように認識していかのか，可能な限りではあるが，先行研究から確認したい．

2.4.2 フローとストックの消費水準の検討(1)：野田孜の「消費」概念

明治以降の日本のマクロ経済推計である『長期経済統計』の作成に従事した野田孜は，「農村の生活水準[15]」において，農家の生活水準を消費水準から測定している．ただし，対象となる時期は，第二次大戦後である．主に使用されるデータは，農林省統計調査部『農林水産統計月報』，経済企画庁調査局統計課『消費水準』などである．また，『農家経済調査』用いて，支出費目別の現金支出比率や，費目別の需要弾力性を測定している．最後に農家の現物所得消費構成比，つまり農家の消費水準に占める自家消費の割合は，大蔵省主税局『税制調査会参考資料』を利用して，この水準を測定している．

野田は，これらの指標を用いた生活水準測定の限界について，次の点を指摘する[16]．彼は，最初に「課題と制限」という節を設け，生活水準測定の難しさを述べる．まず，一般に生活水準の指標として家計支出を用いている．しかし，ある特定期間に支出された金額が必ずしもその期間中に消費されたものをあらわすことを意味しない．つまり，(1)家計簿に記入された購入物財が，必ずしもすべてその期間中に消費されるものでもない．(2)この購入物財以外に，その期間に現実に消費されたものが無いわけではない(例えば，貯蔵品の使用など)．

野田の指摘で重要な点は，消費を貨幣支出による購入に限定せず，(2)にあるように貯蔵品の使用も消費と捉えていることである．彼は，家計支出は，正確な意味での生活水準を示すものでなく，またいわゆる「消費水準」を示すものでもないと述べている．彼によれば，家計支出は単なる実質「購買水準」であるとしている．加えて，農家の自家消費についても貨幣支出を消費と捉える限り，脱落してしまう．よって，生活水準の測定には，消費者が実際に享受している物的厚生を測定する方法が存在

---

[15] 野田(1964)．
[16] 以下，野田(1964)，第1節による．

せず，それは統計技術的にも難しいと結論した．

彼の主張は，消費を貨幣支出のみではなく，所有物を使用することも消費と認めている点で非常に重要であるので，ここで引用しておこう．

> 「……〔前略〕……財の手持(stock)の問題がある．慣行の方法では消費水準を比較するときは，常に実現された支出部分だけをその計測の対象とし，両地域〔農村と都市〕消費者の有するストックについてなんらの考慮を払っていない．冷蔵庫やミシン，衣類や住宅などである．これらの手持品が消費者の生活に果たす役割が大きいものであることは多言を要しない．けれども現在までの段階では，これらを考慮に入れた展開された理論および計測には接しえない．[17]」

この指摘は，消費概念における，財の耐久性を考える時に忘れてはならないことである．経済学ではハウタッカー＝テイラー(1966/68)，辻村江太郎(1964・1968)などによる消費需要の分析において，手持量，すなわちストックがのちの需要にどのように影響を与えるかについて，分析している．しかし，それは消費水準，および，野田の言葉をかりれば，「消費からえる物質的厚生」をどのように取扱うか，という問題とは少しずれている．それは，あくまでも需要に与える影響を中心に論じているのである．

本節の最後は，家計における人々の生活の側面を中心おいた経済学，すなわち家政経済学の分野で，この問題がどのように取り上げられ分析されているかを検討しよう．

2.4.3 フローとストックの消費水準の検討(2):家政経済学における消費水準について

伊藤秋子は『生活水準』(1977)において，生活水準測定の指標として，「貨幣的指標」と「非貨幣的指標」をあげている．被服については，第4章「生活水準測定の指標―非貨幣的指標」の第1節「物的指標」，第5項「被服」に述べられている．つまり，被服の生活水準は非貨幣的で物的な指標として捉えられている．伊藤は，被服の生活水準消費測定について，次のようにまとめている．

---

[17] 野田(1964)，p.178.

第 2 章　日本経済史における消費の研究

「衣生活の水準の推移を指標，しかも個人・家庭の立場からの指標によってみようとすると，適切なものを得ることが出来ないという壁にぶつかる．被服は消耗品としてフローで見る場合と，一種の耐久消費財としてストックで見る場合とある．1年間に何を何点購入したかを調査しても，多種にわたる衣料，布地などをそれぞれ個別に合計，平均値を出しても無意味である．また，全体を点数で単に合計しても，これまた無意味である．さらに，これまでストックとして持っていた衣料も使用するから，1年間の購入量が衣生活を反映しているとは言えない．また，被服の所持数から衣生活を見ようとしても，持ってはいるが，ほとんど，あるいは全く着用しない物がかなりある．今日，どこで採用，不採用の線を引くかが常に問題となり，この種の調査は失敗に終わりやすい．そこで衣料について家庭の側から物的に捉えることは困難なので，ここでは生産の面から物的に捉えることにした．」[18]

上記において伊藤は，被服の生活水準を測定する指標として4点あげている．(1)被服を消耗品としてフローでみる．(2)耐久消費財としてストックでみる．(3)年間の購入点数を調査する．(4)被服所持数を調査する．特に(3)と(4)に関しては，ストックとして所持している被服の使用を調査することが難しいと述べている．その結果，伊藤は被服の生活水準を，1年間の一人当り繊維消費量と既製服の生産高から考察している．

前項の野田と同じように，伊藤も生活水準もしくは消費を貨幣支出だけで扱うのではなく，ストックの利用も考慮に入れることを主張している．しかし，伊藤も資料上の問題から，生産と消費を同等のものとして，被服の生活水準を扱っている．

以上，経済学における消費の概念を検討してきた．そこでは，消費をフローとストックの両面から捉える必要があることが指摘されていた．しかし，基本的に消費は生産もしくは貨幣支出へのアプローチが中心とならざるを得ないことが判明した．

---

[18] 伊藤(1977)，p.166

2.5 生活様式と消費：ハレとケの消費を考えるために

　本節ではハレとケの消費を考えるために，各種統計資料を用いて，生活様式の時系列変化を追った矢木(1978)および鬼頭(1996)の内容について検討したい．

　矢木（1978）『生活経済史―大正・昭和篇』は，各種統計，衣食住に関する文献，写真資料を用いて大正・昭和期の生活経済史を描いている．特徴は，戦後の高度成長期から大正期へと遡及的に話を進めている点にある．

　彼は，生活史の対象を家計の消費生活においている．具体的には，「中位の平均的な庶民の日常生活」における衣食住を中心に，それに関連する物的な消費生活である．ただし，家計簿分析を中心に行わないという意味において，家計を正面から扱うことはしない，としている．

　次に，生活史の分析視点は，矢木自身がその時代の生活の特色とおもわれる視点で特定の現象を選ぶ．そのことにより，時代的特色をできるだけ明確に持たせたいと考えている．この著作は大正・昭和期の生活史を扱ったものであるが，この時代の生活史は彼自身の生活史でもあった．つまり，彼は同時代人として，この時期の生活史を取り上げるため，上記の分析視点の設定が可能となる．これも，この本の特徴の一つである．

　分析手法は，基本的に各種統計書を用いて，戦後の高度経済成長期から大正時代までを遡及的にみていくものである．その際重視するのは，数量的，比率的な変化，つまり普及度合いを重視する．ここで矢木は，統計数値の利用に対して，その利点と補うべき点を述べている．

> 「〔各種統計書を用いた〕こうした方法を取るとき，どうしても我々は統計数字に頼ることが多くなる．この点について，従来の歴史家の一部からの反対が既に耳に聞こえてくる様な気がする．それというのも，統計的数値では代表値として平均その他の方法での数値がとられるが，それは個別の家の情報をはなれた抽象的非実存的なものだということによる反対である．これは一面においては私も理解できないわけではない．しかしまた，個別の家の状況というものは，逆にかなりの特殊なケースである場合が多く，その成立や存在の条件を明らかにすること

第2章　日本経済史における消費の研究

で一般化に役立つとはいえ，それでただちにその時代の平均的一般的な生活経済を示すことができるともいいきれないのである．どのようにしたらその時代の代表値をだせるかとうことがそもそも難しい問題であるが，まず明治以降の場合は，統計数字，平均値などで計量的な全体の変化の傾向をみることは有効であろうと考えられる．……〔中略〕……もちろん，統計的数字はいままでのところ，かならずしも戦前などの分は正確とはいいがたく，あるいはかなりいろいろな数値が出されている．これは私の専門外でとやかく言う資格はなく，いまのところは現段階での成果を利用するだけである．これがさらに正確に改められれば，またそれによって書きなおす必要もおこるであろう．逆にこうした使い方を本書のようにすることが，それらの数値の整備の契機となることを願うわけである．[19]」

以上のように，矢木は統計数値の利点と限界を述べつつも，統計数値を利用し，それが統計の改善につながることを願う，と述べている．そして，彼は各種統計を利用して生活史に取り組む．彼が利用した統計は，基本的に生産量およびその額である．その数値のみを消費と見なすことは，これまでに検討してきた野田(1967)，伊藤(1977)も疑義を呈している．しかし，統計資料を用いた矢木の研究は，生活および消費の経済史において重要であろう．続いて，彼が対象としたものよりも，もう少し広い範囲で生活水準の長期的展望を概観している，鬼頭宏の論文を見てみよう．

鬼頭宏(1996)「生活水準」は，「近代経済成長胎動」のとき，すなわち1860年代から，「成熟社会の入口である現在」の1990年代までの生活水準を，『長期経済統計』を用いた国民総支出(GNE)と個人消費との比較，『防長風土注進案』や『斐太後風土記』を使用したカロリー計算，歴史人口学の成果による体位や疾病など，「人」の暮らし向きから生活水準を捉えている．

鬼頭は生活水準の測定に際し，「異質な生活様式」と「長期的な生活様式の変化」とに注意する．彼は1860年代から1950年代にかけて，消費の増大が見られ，生活の基本的な部分での豊かさは増加し，1950年以降は，新製品の耐久消費財などへの支出が増大し，生活様式と生活水準が大きく変化していることを示した．なお前半の戦前期に

---

[19] 矢木(1978), pp.12-13. ただし〔　〕内は引用者による．

おいては，大正期に生活面で何らかの変化があったことを述べている．これは，いわゆる「大戦ブーム」のことである．すなわち，1890年から1920年にかけてが，生活構造または生活水準における画期であるとしている．

次に鬼頭は，国民所得統計と家計調査による消費額構成の比較を行う．この両者を比較することの意義は，マクロの国民所得統計とミクロの家計調査で生活水準の変化が異なるか，否か，を確認するためである．その結果，両者には若干の食い違いが存在するが，基本的に変化の方向は，上向きで同じであると結論づける．日本の生活水準は，経済規模の拡大と歩調を合わせながら上昇し，そのスピードは戦前期には緩やかなものであったが，高度経済成長期に入ると加速したと結論づける．そして，今後の生活水準研究には国民所得統計，カロリー計算，体位など，今回用いた各指標の相互関係の解明が必要であることを主張する．

鬼頭の研究は，矢木の研究と比べれば，対象とする期間と範囲が広くとられており，生活水準の長期的展望を捉えることが可能である．だが，変化の側面が強調されており，また，長期統計を用いることには必ずついて回ることであるが，生産統計を消費として捉えるために，農家の現物消費やストックからの消費などの問題が抜け落ちてしまう．

2.6 マクロの消費推計と現物消費について

ここでは本論文の消費アプローチの三番目である現物消費について，マクロの消費推計における消費概念から検討を加えたい．そこで，マクロの消費推計である篠原三代平『長期経済統計6個人消費支出』を取り上げる．彼は，戦前の個人消費支出の推計を主にコモディティー・フロー法と小売評価法から行っている[20]．はじめに，彼がこの両者を用いた理由を要約する．

個人消費支出の推計には，国民勘定体系（System of National Accounts;SNA. 以下，SNAとする）と家計調査の2種類が主である．個人消費支出が，SNAの一部として，継続的に発表されるようになったのは，第二次大戦後のことである．ただし，この推計

---

[20] 以下，推計方法については，篠原(1967)，第5章による．また，消費関数の優れたサーベイである篠原(1958)は，戦前消費関数の所得階層間分析を行っている．

第2章　日本経済史における消費の研究

にも誤差が認められ，とりわけ被服費は過小に推計されている．SNA方式で，『長期経済統計』が行った，1874（明治7）年からの個人消費支出を推計することは，困難である．

また，日本では戦前に多くの家計調査が行われた．その結果を用いて家計消費の分析を行った研究も多く存在する．だが，家計調査は，対象となる層にバイアスがかかっているものが多いため，個人消費支出を推計するために用いることが困難である．例えば，内閣統計局の調査は，低所得者層が対象になり，大蔵省の調査は高所得者層が対象となっている．また，前二者は都市を中心とした調査であるが，農村の調査としては農家経済調査が存在する．この調査は，大正10年以降連続した数値を得ることが可能である[21]．しかし，明治（明治23・32・42・44の各年）から大正（元年・9年）に行われた，斎藤萬吉調査と接合することが出来ない[22]．

以上の理由により，家計調査から個人消費支出を算出することは困難であり，篠原は，次の三つの方法——コモディティー・フロー法（以下，コモ法とする）・小売評価法・小売販売法——を相互補完的に用いて，個人消費支出の推計を行った．そこで，これらの方法について簡単に説明する．

最初のコモ法は，生産額統計から出発する．まず，ある生産物についての生産額を算出する．次に，生産・卸売・小売段階における在庫変動の加減を行う．さらに，その額に輸入額を加える．そして，その生産物の配給過程における運賃，マージン率を漸次加算し，最終消費額を算出する．

二番目の小売評価法は，ある生産物の生産数量を算出することから始められる．次に，輸入量を加え，輸出量を減じ，その他消費に向かわない部分を削ることにより，最終消費量が確定する．そして，この最終消費量に小売価格を乗じることによって，最終消費額が求められる．ただし，小売評価法は，数量が比較的等質な農産物に適用することは可能であるが，多少とも異質な諸生産物からなる繊維製品（衣服など）には，

---

[21] しかし，1924（大正13）年から1930（昭和5）年までの調査は，中間生産物の取り扱いが変更になるため，その前後の期間の調査と農家所得の内容が異なる．そのため，農家経済調査を時系列で用いる時には注意が必要である．この点は，本書第7章7.2を参照．
[22] 斎藤萬吉調査と農家経済調査，そして町村是との関係を考慮すると，篠原の議論は修正が必要であろう．すなわち，斎藤萬吉調査，農家経済調査，町村是の三つは，密接に関連していたのである．この点は，本書全体の議論にもつながるため，第6章6.1において検討したので，参照されたい．

適用が難しい.

 最後の小売販売法は，戦後の『商業統計表』から食料費（除，自家消費）と被服費（篠原によると極めて良好な推計値を得られる）の推計を行う．しかし，戦前への適用がほぼ絶望的である．

 そこで，篠原はコモ法と小売評価法の双方を用いて個人消費支出額を推計した．この方法により，明治期から昭和期にかけての個人消費支出を推定したことの意義は非常に大きい．この推計は，個人消費支出に関する一つの基準になっており，生活水準，消費水準の研究を行う際には，欠かせないものである．だが，この推計には，再検討を要する点があると思われる．

 まず，ここで求められた数値は『長期経済統計』というある一つの体系を作るためのものである．実際，被服費に関しても，コモ法の出発点となるその生産額は『長期経済統計10鉱工業』の数値を利用している．だが，この『長期経済統計10鉱工業』については，中村（1979）にあるように，綿糸・織物生産額は，推計の基準を変更するとその結果も大きく異なることが明らかにされている．よって，ここでの篠原推計も，その影響を受ける可能性は否定できない．

 つまり，そのことは，個人消費支出推計の定義を変更することにより，算出される数値もその影響を受けることを意味する．次に，この推計は生産統計から出発しているため，農家の自家消費分が欠落している可能性も否めない[23]．そして，農家の自家消費が消費支出全体に占める割合は，現在と異なり当時は非常に大きなものであった．また，第4章で分析した被服消費額の推計においても，この時期の農村では，自宅で綿など被服の材料を栽培し，それから糸を紡ぎ，織り，裁縫して人々が着用していた[24]．よって，篠原推計ではこの部分が抜け落ちてしまう．

 ここで，いま述べた点をまとめておこう．まず，篠原推計自体にゆれが生じる可能性がある．次に生産からの推計であるため，対象が支出のみとなり，戦前日本において人口の多数を占めた農家における現物消費の推計に課題を残したといえるのではないだろうか．その点についても，本書では検討を加えたい．

---

[23] 農家の自家消費については，佐藤（1987）を参照．
[24] 実例については,和洋女子大学所蔵『明治生活調査』を用いて分析した.尾関(1999),第3章を参照.福井(2000)，p.156も参照のこと.

2.7 消費概念と経済史における消費研究のまとめ
2.7.1 消費からみる生活水準

本章でこれまで検討してきた結果，消費水準で生活水準を測る場合，どのような方法が用いられるのだろうか．たとえば，所得に占める家計支出額の割合からはじまり，奢侈的消費，顕示的消費，など様々な角度からの分析が可能であるように思われる．そこで，生活水準の指標を貨幣的指標と非貨幣的指標にわけて考える．非貨幣的指標は，さらに物的指標と文化的指標にわけて考える．それを示したのが，表2.1である．

表2.1 生活水準の指標：貨幣的と非貨幣的

貨幣的指標	非貨幣的指標：物的指標	非貨幣的指標：文化的指標
国民所得	食品・栄養摂取量	保健・衛生
賃金	身長・体重	教育
個人消費支出	住居	余暇および余暇活動
家計の消費支出	電気・ガス使用料	生活環境
貯蓄	被服	生活保護
社会保障		出生率・死亡率・乳児死亡率・平均余命

註）江見・伊藤編(1997)，p.318，表11-11より作成．

本書は衣食住の消費水準および構造を明らかにすることを目的としており，表2.1において衣食住は，「非貨幣的指標:物的指標」に位置づけられている．しかし，衣食住の消費水準とその構造を明らかにするには，やはりフローの貨幣的指標からの考察も欠かせない．一般に消費という場合，貨幣支出を伴う．だが，これまでみてきたように消費とは貨幣的支出のみを意味するのだろうか．例えば，幕末の長州藩で作成された『防長風土注進案』には，牛馬の減価償却を消費としている．これは，現在の私たちが一般的に考える消費の概念とは，少し違うように思われる．それは，貨幣支出ではなく，いまあるものを使うことも消費として捉えていたようである．つまり，ストックがもとになる消費である．

この『防長風土注進案』は，村ごとの生産高や消費高が判明する資料であり，西川俊作と穐本洋哉が，この資料を様々な手法で分析している[25]．そして，『防長風土注進案』は幕末期を対象としているが，おもに明治20年代から大正初期にかけて全国で作成された「町村是」という資料がある．「町村是」にも，詳細な衣食住の消費統計が掲載されており，この統計を用いた消費研究が行われている．また，農家世帯の調査としては，農家経済調査が存在する．

　本書では，町村是と農家経済調査を利用して，資料論的考察から消費概念の検討を行い，生活水準としての衣食住の消費について考察する．とりわけ，消費をフローとストックとの関係から考察する．また，村および世帯レベルの所得についても検討を加える．

　次節において，本書の構成を紹介しながら全体の流れを示すことにする．

2.7.2　消費の実態を認識するために：勘定体系としての町村是と農家経済調査に記載されたデータから消費の実態を検討する．

　これまで検討してきたように，消費とは，貨幣支出を伴う購入に加え，ストックからの消費や現物消費など，様々な形態をとるものである．それらは，『長期経済統計』では扱うことが難しいものである．だが，ここで，本書は『長期経済統計』の批判を目的としていないことを強く主張しておきたい．

　『長期経済統計』は，国民経済計算という勘定体系に則った統計である．国民経済計算は，第二次世界大戦後に発展した国を単位とした勘定体系である．この勘定体系により，国の生産・収入，支出，ストック，海外との取引などが精確に記述され，私たちを取り巻く経済状況を明らかにしてくれる．だが，一国レベルではない勘定体系も存在した．それが，本論文で用いる町村是と農家経済調査である．これらの資料に記載されたデータから消費についての様々な情報を得ることができる．すなわち，本書で扱う，消費におけるフローとストック，現物消費などについてである．これらの問題について，第1部では町村是，第2部では農家経済調査を用いて検討する．第1部，第2部ともに勘定体系としての町村是と農家経済調査について言及し，その資料につ

---

[25] 西川，穐本による『防長風土注進案』の研究については，西川(1982)，(1985)，(2012)，(2013)，西川・石部(1975a)，同(1975b)，および穐本(1988)を参照．

いての特質を検討する．そして，資料論にもとづいて，消費の実態についての分析をすすめたい．

　ここで町村是と農家経済調査を取り上げた理由を述べよう．経済史では，具体的な農家を対象とした研究は，それほど多くはなく，農村の調査と農家の調査は，同一のものとみなされることが多い．町村是と農家経済調査についても，調査の単位が村と家で異なる．

　だが，本書の第1部で利用する町村是は，「一村を一家と見做してその収支を計算する」ものであった．そのため，後述するように，日本における農家経済調査の創始者である斎藤萬吉は，その著作において，村単位の調査である町村是を農家のデータとして用いていた．加えて，第5章で用いる山梨県の町村是の序文には，斎藤萬吉の推薦文が記載されていた．

　すなわち，町村是と農家経済調査は，調査単位が村と家とで異なるが，勘定体系としてのフレームワークは，同一の認識のもとにあったのと考えられるのである．よって，これら二つの資料群を用いることにより，戦前日本の農村・農家における消費の実態について分析をすすめた．また，分析の対象となるのは，基本的に同一のマニュアルで調査された農村と農家，すなわち町村是と農家経済調査である．よって，今後の研究において，分析の事例を増やし，また，地域間の比較なども可能とするのである．

第1部　勘定体系のはじまりとしての町村是による分析：町村是の資料論とフローとストックの消費について

第3章 町村是の資料論と町村是による消費の研究

3.1 明治日本の町村調査のはじまり：皇国地誌について

　本章から町村是という村を調査単位とした資料を用いた消費の分析をすすめる．はじめに明治期の農村調査について触れておきたい．なぜならば，町村是の調査内容は，明治日本の地誌調査である，「皇国地誌」の調査内容を発展させたものともいえるからである．だが，その具体的な考察については，日本における統計学および統計調査の展開を踏まえなければならないので，本書で扱うにはテーマが大きすぎる．よって，ここでは，皇国地誌の調査内容から，明治日本の町村調査の始まりを確認することにしたい[1]．

　徳川日本から明治日本への移行により，幕藩体制下よりも，より統一された国家形成の一環として，日本各地の経済，社会，地理的な情報を収集する必要が生じた．皇国地誌とは，郡誌・村誌，さらにこれを基にして編集する予定の州誌を総合した日本地誌のことである．すなわち，「郡村誌（郡誌・村誌のこと）」の編集とそれにもとづいた州誌としての「大日本国誌」の編纂である．そこで本章では，町村是調査の源流の一つとして郡村誌の内容を検討することから始めたい．

　太政官正院外史所管の地誌課（塚本明毅）による地誌の編纂は，明治日本の最初の地誌である「日本地誌提要」（1873（明治6）年3月24日）からはじまり，その2年後に皇国地誌（1875（明治8）年6月5日）の調査が開始された．以下，石田（1966）に依拠して，皇国地誌の調査内容を箇条書きの形で確認したい．

資料3.1　皇国地誌の作成とその調査内容[2]
・太政官　達　第九十七号（1875（明治8）年6月5日）　使府県　皇国地誌編輯例則並ニ着手方法別冊ノ通相定メ候条，右ニ照準シ精覈調査致シ地理寮へ可差出，此旨相達し候事

・皇国地誌編輯例則　第一号村誌，第二号郡誌，第三号着手方法

---

[1] 以下，本項の叙述は，石田（1966）による．
[2] 石田（1966），pp.20-26．

・第一号村誌 「本誌, 全村ノ景状ヲ知ラント欲ス. 故ニ本例ニ照準シ, 細密ニ之ヲ記シ遺漏ナカランヲ要ス」
・〔調査内容〕某国某郡某村　枝村　新田, 疆域, 幅員, 管轄沿革, 里程, 地勢, 地味, 税地, 飛地, 字地, 貢租, 戸数, 人数, 牛馬, 舟車, 山, 川, 森林, 原野, 牧場, 礦山, 湖沼, 道路, 掲示物, 港, 出崎, 島, 暗礁, 燈明台　付　燈明船, 滝, 温泉, 冷泉, 公園, 陵墓, 社, 寺, 学校, 町村会所, 病院, 電線, 郵便所, 製糸場, 大工作場　造船所　古跡, 名称, 物産, 民業

皇国地誌は以上のような調査項目を掲げ, その編纂は, 1872(明治5)年から1893(明治26)年まで行われた. だが, 皇国地誌の編纂は不成功に終わった. その理由として, 石田は,「物産表」などの国家の統計事業の発達によるものである, と述べている[3]. その一方で, 彼は, 皇国地誌において, 数字で示せるものは統計をあげていること, 経済的要件を数量によって明らかにしようとしたこと, これら2点は, 古い地誌より進歩したことであると述べている[4]. しかし, 最終的に石田は, 日本地誌提要, 皇国地誌について, 次のような判断を下している.

「……〔前略〕……日本の明治期の地誌類ははるかに多く経済について記載している. 日本地誌提要には戸口・歳額・物産の諸項があり, 皇国地誌編輯例則によってかかれたものをみると税地・貢租・牛馬・舟車・製糸場・大工作場・造船場・物産・民業と, さらに詳しくなる. 地域の特性記載の地誌のなかで経済の比重が大きくなることは, 方向としては正しいが, それが単なる統計の羅列であったから, 国家の統計事業の発達のために, かえって存在の意義をも失うにいたったのである.[5]」

明治日本の地誌調査である皇国地誌の編纂は, 中途に終わった. この皇国地誌の調査項目をみれば, 本論文で用いる町村是の調査項目と共通しており, 町村是の調査・

---
[3] 石田(1996), p.41.
[4] 石田(1996), pp.52-53.
[5] 石田(1996), p.53.

第3章　町村是の資料論と町村是による消費の研究

刊行に際しても，参考となったであろう．

　だが，皇国地誌と町村是と比較すると決定的に異なることがある．それは，町村是における統計表の作成と収支計算である．これが，石田の述べた「国家による統計事業の発達」という現象の一つの現れではないであろうか．つまり，明治日本であらたに導入された知識，すなわち簿記および会計学の知識が導入されたと見られないだろうか．

　また，後述するように皇国地誌編纂の終期に福岡県で町村是調査が行われた．福岡県は，皇国地誌を作成していた．これらの事実を統合して，皇国地誌，統計学，簿記・会計学，そして町村是の成立という，これらの関係を実証する必要があるが，それは今後の課題としたい．では，町村是の成立とその内容についてみていこう．

3.2　町村是について：「一村を一家と見做」した勘定体系

　明治政府において『興業意見』を編纂した前田正名は，工業化のなかで立ち遅れていた農村の建て直しを目指して，「農事調査」を行った[6]．その後，農商務省時代の前田の部下であり，彼の影響を強く受けていた田中慶介が，前田の農商務省非職後，同じく同省から離れ，1892（明治25）年に福岡県浮羽郡長に赴任し，そこで最初の町村是調査である「殖産調査」を行った[7]．その内容は，基本的に，(1)「現況之部」，(2)「参考」，(3)「将来」の三部からなる．まず，(1)で村の現在の状況が戸別ごとに調査され，つぎに(2)で村の産業や風俗について述べ，(1)と(2)をうけ，(3)で将来の方針，すなわち「是」の制定を行い，農村の救済と発展を目指すものであった．その具体的調査事項について，ここでは町村是調査のモデルとして前田らによって作成された，全国農事会編『町村是調査標準』から，(1)「現況之部」の調査事項をしめす．

　資料3.2　町村是の「現況之部」調査事項[8]
　　町村の現状

---

[6] 前田正名については，祖田(1973)を参照．
[7] ここでの調査を論じたものに，大橋(1982)，佐々木(1970)，同(1971)などがある．
[8] 全国農事会編(1901)，pp.2-4．

一　町村の位置境界及地図

二　地質及気候

三　副員

四　人口，戸数

五　官有，共有，私有，山林原野，田畑宅地反別及地価

六　土地所有の現状

土地を所有せざる者何人，一反歩以下所有者何人，一反歩以上五反歩以下何人，五反歩以上一町歩以下，一町歩以上二町歩以下，二町歩以上五町歩以下，五町歩以上十町歩以下，十町歩以上何人，平均一戸別及一人別

但し町村内外住民土地所有の関係等を示すべし

七　町村の沿革及歴史の一班

八　風俗習慣及生活の程度

九　国県郡町村諸税及協議費等負担額

十　町村内外輸出入総額

十一　町村共有財産，貯蓄金額

十二　諸組合会社事業

十三　耕地整理，排水，利水，開拓其他諸般の改良事業成績

十四　町村住民の負債及其主なる原因

十五　収入及支出

甲，収入(数量及見積価格)

　　1　普通農産物

　　2　工芸作物及園芸作物

　　3　畜産

　　4　林産

　　5　水産

　　6　蚕糸，製茶，製紙，機織等

　　7　鉱業

　　8　商業

9　其他各種の副業
　　10　小作料，貸金利子（他町村へ貸付けたるもの），諸株券，公債，貯金等の利子其他茲に挙げたる小作料は他町村に所有せり土地より得べき小作料を言う
　　11　諸税収入（他町村住民にして本町村内に土地を所有するものより徴集すべきもの）
　　12　労働賃金（町村区等に関する名誉吏員の俸給手当てを始め其他一切の俸給賃金を言う（但し自家職業に使用したるものを除く））
乙．支出
　　1　諸税（全町村に属する国県郡町村諸税及協議費負担額を始め所得税並に本町村住民より他町村役場等へ払うべき諸税）
　　2　小作料（他町村へ払うべきもの）
　　3　衣食住其他生計に関する費用（但し其町村内に於て生産したるものを除く）
　　4　負債に関する利子（他町村住民へ支払うべきもの）
　　5　労働賃金（他町村住民へ支払うべきもの）
　　6　肥料，農具，種苗其の他生産原料にして町村外より購入すべきもの本項中収入及支出は其の町村を一家と見做して収入と支出との経済状況を知らんと欲するにあれば，苟も其町村より他へ支出すべきもの及他より収入すべきものも細大之を調査すべし，而して其関係を明にせむと欲すれば各種事業の如きも一々其収支を査覈する等の必要あるべし，唯茲には町村の収支耳を調査するの大要をあげたり，詳細は附録に就いて参照すべし

　このように，町村是はそれぞれの町村について，その生産・収入，支出，輸出入までを詳細に調査しようしたことが窺われる．だが町村是と一口に言っても，その内容は作成された時期により，大きく異なる[9]．まず，1890年代は全国農事会が中心となり，調査に重点が置かれ，それに基づいて，将来の方針である「是」が策定された．その後1904（明治37）-05（38）年の日露戦争を契機に，政府の「地方改良運動」の一環とし

---

[9] 高橋（1982）を参照．

て作成されはじめ，全国的な広がりを見せていった．以下，祖田(1980)によりこの点について検討していきたい．

3.2.1 「町村是」運動について：祖田修の研究から

ここでは，前田正名の地方産業振興運動の背景・内容・現実的基盤を，『興業意見』と「町村是」運動から検討した，祖田(1980)の「地方産業振興運動の展開」を取り上げよう．彼は，地域ごとに横への広がりを持ち，なおかつ運動の段階によって政府との縦関係も生じる地方産業振興運動を，『興業意見』に起源を持つ「町村是」運動から考察する．

祖田によれば，前田にとっての「町村是」運動とは，松方正義らにより実現できなかった『興業意見』の構想を，下からの地方産業組織の力を背景に具体化しようとするものであった．前田は，雑誌『産業』において，地方産業振興に必要な項目を列挙する．それらは，粗製濫造の防止，流通機構の近代化と直輸出の禁止，政府・議会への運動による法規・施設・補助の実現，地域振興計画としての「町村是」の設定である．そこで，前田が重視したのは国富形成の原点としての「町村の経済」振興であった．

前田によって開始された「町村是」運動は，実施された時期により主体が異なるため運動の方針が異なる，と祖田は主張する．彼は，1898(明治31)年から1902(明治35)年までは，前田と全国農事会が運動の中心と捉える．そして，日露戦時期の1904(明治37)年からは，官庁が中心となる地方改良運動の一環として，府県庁―郡―町村役場を通じた運動として実施された．祖田は，「町村是」運動の主体は，農会と町村役場とで異なるが，人的構成の上で両者は密接不可分なものであり，両者の主導権は，在村地主が掌握していた，とのべている．

祖田は，「町村是」の様式上の特徴について以下の4点をあげている．(1)村全体としての各経済要素の出入り関係を扱う．それは，町村単位で一種の自立性と完結性を課題としている．(2)農家経済の貨幣的側面，とくに現金収支に着目した項目が多く見られる．(3)物的な生産増大を目標として「是」に掲げる．そのため，調査も生産調査が中心であり，生活水準などは比較的影響が薄い．(4)歴史や統計が有機的に結合されている．ただし，前田自身は「町村是」を統計調査として捉えておらず，あくまでも町村の実態を知るための統計であることに注意が必要である，と述べる．

第3章　町村是の資料論と町村是による消費の研究

　祖田は,「町村是」運動を前田や農会が主体の前期と, 地方改良運動期の官庁による後期を区別して考える. それは, 前期の調査は前田の思想が生きているが, 後期はいたずらに「是」を掲げるのみあり, 運動は形骸化したというものである. この点を, 当時の農業政策関係者——柳田国男と斎藤萬吉——の発言からみていこう.

3.2.2　柳田国男, 斎藤萬吉による「町村是」への批判

　「町村是」は町村の現状を調査し, その現状調査から「是」, すなわち将来の目標を策定した. そして, 各町村は策定された「是」をもとに振興を図ることを目的としていた. しかし, この「町村是」に対して異議を唱えた人物が二人いた. 一人は農政学者柳田国男, もう一人は日本における農家経済調査の創設者である斎藤萬吉である (斎藤については, 本書の第6章, 第7章を参照). では, 二人は「町村是」のどの点を批判したのだろうか. まず柳田の批判を見ることにする.

　柳田は, 1909 (明治42) 年7月の第一回地方改良講習会で「農業経済と村是」というタイトルで講演を行った. そこで柳田は,「町村是」に対して以下の批判を行った.

　　「これまで大分の金を掛けてこしらえ上げた各地方の村是なるものは, いまだ十分時世の要求に応じ得るものではありませぬ. なるほどいわゆる『将来に対する方針』の各項目を見れば, 一つとして良くない事は書いていない. これを徹底して実行すれば必ずそれだけの利益が有りますから, なきに勝ること万々ではありますが, いかんせん実際農業が抱いている経済的疑問には直接の答が根っからない. それというのが村是調査書には一つの模型がありまして, しかも疑いを抱く者自身が集まって討議した決議録ではなく, 一種製図師のような専門家が村々をあるき, または監督庁から様式を示して算盤と筆とで空欄に記入させたようなものが多いですから, この村ではどんな農業経営法を採るが利益であるかという答などはとても出ては来ないのです. 真正の村是は村全体の協議によるか, 少なくとも当局者の手で作成せねばなりませぬ.[10]」

　柳田の「町村是」に対する批判は,「町村是」が各村の農業者が実際に抱えている

---
[10] 柳田 (1910/91), pp.29-30による.

問題に答えていないということである．その理由として，「町村是」は製図師が算盤と筆で空欄，すなわち，「町村是」における各町村の「現況調査」部分を埋めるためである，と述べている．

柳田が講演を行った明治40年代は，内務省による地方改良運動の一環として「町村是」が作成された時期である．この時期の「町村是」は，「町村是」の柱である「現況の部」において調査項目が詳細に記載された，各府県の「調査標準」に基いて作成された．仮に各町村において別々の調査が行われた場合，各町村の調査を相互に比較することが非常に難しくなるからである．しかし，「町村是」を統計データとして使用する場合，柳田の指摘した問題，すなわち画一的な調査は，かえって好都合であるように思われる．その理由は，町村是の調査・作成にあたって「調査標準」を使用することにより調査対象が明確になるならば，集計も容易であり，その結果を他地域との比較にも用いることが可能となるからである．しかし，実際は「調査標準」が存在しても，郡単位もしくは町村ごとに調査が異なる「町村是」が存在した[11]．次に「町村是」の改善提言を行った斎藤萬吉についてみていこう．

斎藤(1912)「町村是調査」は，「町村是」に対し，以下の点を指摘した[12]．簡単に要約すると，まず，「町村是」において農村の状況を表示する際に多数の調査表を作成するよりも，町村民自らの意志により実行可能な「是」の作成をすることが必要である．次に，「町村是」の調査結果により作成された「是」が実行可能であるかを検討し，実行可能なものから着手する．そして数年かけて，町村民を指導して利益をあげる．斎藤は，実例として三重県一志郡鵲村村是調査の1902(明治35)年と1910(明治43)年との二時点を比較して，「是」の実行により村民に利益が生じたか，否か，を検討している．最後に，調査様式の定義として，単に調査表示に止まり，実績を省みない，という点を述べている．つまり，斎藤の指摘も，柳田と同じく，「調査標準」に則った調査を批判し，実際に各町村で問題とされている事柄を検討し，それを「是」として制定することが「町村是」の目的であると指摘する[13]．

---

[11] このタイプの調査が行われたと考えられる茨城県下の「町村是」を用いて，第4章ではこの問題について考察する．
[12] 以下，この段落は斎藤(1912)による．
[13] なお，斎藤萬吉と町村是および農家経済調査との関係は，第6章6.1で検討したので参照されたい．

以上，柳田国男と斎藤萬吉の「町村是」に対する批判を検討した．両者に共通している点は，「町村是」がいたずらに調査に流れ，各町村で実際に問題となっていることに対して，解答を与えていない，ということである．柳田と斎藤の主張は，これまでも「町村是」に対する批判の根拠とされていた．たしかに，「是」を農村計画としてみた場合には上記の主張は首肯できる．しかし，その「是」を作成するには，厳密な実況調査が必要であることは，前田正名の「人ニハ問ハス物ニ問フ」という，『興業意見』以来の姿勢からもうかがうことができる．よって，先ほど柳田の箇所で触れたことの繰り返しになるが，「町村是」の調査はある程度確実に――それが「調査標準」から乖離するとしても――行われたと推測できそうである．そこで，次節では「町村是」の資料論的考察を行った，高松信清，大橋博，佐々木豊のそれぞれの論文を取り上げ，「町村是」の調査事項とその内容について，検討を加えたい．

3.3 町村是の資料論的考察
3.3.1 制度としての町村是：佐々木豊による資料論的考察

 ここでは，東京農業大学において「町村是」調査を研究した，佐々木豊の資料論について，3つ取り上げることにする．

 まず，佐々木(1979)「町村是調査と農村自治」は，明治大正期に作成された「町村是」運動から，当時の農村自治の姿を描き出す．彼は，「町村是」運動が，農村自治を自覚し，農村社会を主体的に再編しようとする試みである，と述べる．そこには，農村自治の担い手の意志，農村自治の理念などが存在する．それらを「町村是」の受容，実施の過程から地方老農層の意図および理念から概観する．対象となる時期は，明治20年代の前田正名による「町村是」調査から，「民間的な」(佐々木によると農会主体の)町村是調査，つまり明治30年代までの「町村是」を中心とする．

 そこでは，「町村是」運動の提唱者前田正名による「是」の構想を取り上げる．前田によると「是」は，在来産業，とりわけその地方にとっての「重要産業」の振興方針を策定するものである．そのために，対象となる町村の客観的実態把握，すなわち「人ニハ問ハス物ニ問フ」ことにより，「町村是」を作成し，それが郡是，県是へとつながり，最終的には国是となる．ただし，「町村是」調査の具体的手法やその意図が未

整除であるため，受容側（各町村）の主体的・客観的条件も未成熟であった，と佐々木は述べ，福岡県と愛媛県の初期「町村是」調査の特徴からみた農村自治を考察する．

佐々木によると，初期「町村是」は，系統農会の老農や手作り地主層が受容し，村是調査の実施・具体化を進めた．そして，福岡県と愛媛県ともに，町村自治と農事改良を「町村是」の中心課題と設定しており，「町村是」運動は社会政策的側面を付帯したものであった．

日露戦時経営，地方改良運動期の「町村是」は，内務省の地方政策と農商務省農政の影響が大きく，「町村是」の作成は初期「町村是」よりも活発なものとなった．しかし，「是」の作成に先立つ実態調査は，形骸化し，掲げる「是」も農事改良から地方改良へと変化した．加えて，「町村是」調査の担い手も，手作り地主や老農層から町村行政担当者へと変化した．

さて，本書で利用する茨城県および山梨県の「町村是」は，地方改良運動期に作成されたものである．そこで，1908（明治41）年以降に調査・刊行された地方改良運動期の「町村是」運動を扱った佐々木論文を検討しよう．

佐々木（1978）「町村是・県是運動の社会過程」は，地方改良運動期の「町村是」運動を茨城県と新潟県の事例から考察している．この時期の「町村是」は，県訓令による上からの「町村是」調査である．それは，各町村是の策定に留まるものではなく，町村是─郡是─県是と最終的に県是の策定を目指すものであった．

佐々木は分析枠組みとして，県是および町村是の意図，つまり「是」に記載にされた集団目標の内容を検討する．そして，集団目標達成のための組織，彼によれば「村落リーダー」，「村落フォロアー」の動員過程とその意識統合の過程を考察している．

茨城県では，1909（明治42）年に県訓令が出され，「町村是」調査が開始された．そして，1917（大正6）年『茨城県産業県是実行成績概要』を刊行し「町村是」調査を終了する．茨城県の「町村是」運動は，農事事項を県是に組み込むことにより，勧業政策の徹底を図ろうとした．同時に，勧業政策体系の変更，官僚支配の強化を推進しようとした．

また，新潟県では，1914（大正3）年に県訓令により「町村是」調査が開始された．調査に用いられた「調査標準」は，福岡県のものをそのまま利用した，と佐々木は述べ，

第 3 章　町村是の資料論と町村是による消費の研究

「調査標準」により調査が統一化され，勧業政策の羅列に終るものも少なくない，と新潟県の調査を批判する．そして，新潟では，地主の要請であった生産米改良を地方自治行政下の行政組織を通じて，県是，町村是として実施した．そのため，地主と小作との間で争議がおき，県是，町村是運動は消滅した．

次に，佐々木は県是運動の政策的な意図を新潟県を中心に考察する．産業方針としての「是」の設定には，調査による実態把握が必要であった．なぜなら，産業政策に客観性をもたせることができるからである．そして県是は，政策当事者の政策方針を地方社会統治という，社会的統合機能と結び付けることにより成立した．だが，実際には，県是運動ではなく，町村是運動が重要であった．

佐々木はそこで，茨城県を中心に県是運動と村落における実行過程を，村落実行組合の活動からみている．県是運動の展開は，茨城県では「県是模範実行町村」，新潟県では「産業改良模範町村」というモデル町村の指定から始められる．このモデル町村が「町村是実行組合」として機能する．この村内での実行組合の活動は，共同の組織活動，耕地整理，納税諸負担の完納を目指すものであった．以上により，町村是‐郡是‐県是の調査形式が整う．茨城県での「町村是」調査は，調査過程から郡の指導監督を受け，その結果，町村是の内容と様式は，郡単位で同様のものとなった．よって，調査が勧業統計の集成による「村勢調査」に終り，掲げる「是」も単に形式的に付加した物にすぎない，と主張する．

では，最後に佐々木による町村是と県是との関係をまとめておこう．彼によると，県是は産業政策の指針として農事改良を打ち出し，町村是は，県是（農事改良）の受容と行政目標としての地方改良運動を打ち出した．そして，町村是は，農業生産拡大による，経済基盤強化と行政村組織の拡充により，生活秩序の安定と社会秩序の確立を目指した．つまり，町村是とは，町村の自治運営方針となる，行政村の集団目標を設定したものである．その集団目標としての象徴化である「是」を実行に移すための意識結合が，「村是実行組合」に求められていたものであった．

この論文において，佐々木は茨城県では郡単位で同様の調査がなされたと主張する．しかし，次章の分析で詳細をのべるが，茨城県の町村是は，同じ郡内でも町村単位で調査内容が異なることが判明した．また，彼は，調査が勧業統計の集成にすぎないと

批判するが,「町村是」の目的は確実な現状調査であったことを考えると，彼の批判は的を得ないものになる．加えて，町村レベルでの勧業統計調査が得られることは，データとして「町村是」を利用する場合には，彼の「町村是」批判は逆に強みになる．

上記の指摘は，これらの佐々木論文が「町村是」の形成過程に重点が置かれていたことを考えると，少し性急にすぎるかもしれない．そこで，最後に佐々木による「調査標準」の考察をみてから，もう一度この批判について考えることにしたい．

佐々木(1980)「町村是調査の様式と基準」は，福岡県で実施された「町村是」調査，すなわち田中慶介らによる第一回調査と県訓令による第二回調査について考察している．佐々木は，「町村是」調査の基本様式は，行政村範囲の経済活動の収支計算を行うことにあると述べ,「流入・流出による社会会計」がその基本にあると主張する．つまり，村を一つの家と見立て，そこでの出入り計算を行うことを目的とした調査であった．以下，佐々木論文から本論文の論点である，消費に関する項目を中心に検討を進める．

福岡県浮羽郡での調査は，行政村を範囲とする物財の移入・移出，小作料・貸借・租税所負担などの流入・流出をもとに「一村経済ノ収支関係」を明らかにすることを目的とした．つまり，行政村の出入り関係を明確にして，行政村の「経済ノ範囲」を確定し，行政村経済を「歳入・歳出」から捉えようとした．そこで扱われた「消費」概念は，飲食費については，「一人若しくは一戸当り消費量に人口数若しくは戸数を乗じた総消費量を算出する．次に，この総消費量に単価を乗じて総価額を算出する．また雑部については,「年間消費単位」を設けて，その数値に単価を乗じ，総価額を算出する．これらは，行政村経済の「歳出」項目に含まれる．一方，「歳入」は，村の生産高，他町村に所有する小作料収入などから構成される．

「町村是」は，「現況の部」に「歳入」と「歳出」をまとめる．そして，歳入と歳出の差額を「村力」とする．「村力」を検討し，その結果目標となる「是」を「将来の部」に掲げ，「是」を実行して将来実現可能な「収支経済」を結論とする．

つづいて，佐々木は八女郡での調査を検討した．浮羽郡との違いは，町村を調査主体とする「分任調査」が行われたことにある．八女郡で行われた「町村是」調査の消費項目をみていくと，八女郡では価格表示の上で，生産・消費を明らかにして，それ

にもとづき歳入と歳出を示し，村の「総決算」を算出した．「〔「町村是」の〕各項ノ結果ヲ総合シテ其町村ノ歳入歳出ヲ決定スルモノニシテ町村経済ノ始末ヲ明ラカニスルモノ」を「歳入歳出決算表」とする．例としてここでは，資料3.3の八女郡『下妻村是』の「歳入歳出集計表」をあげる．資料3.3にある生産額と消費額の内訳は資料3.4の通りである．

資料3.3　福岡県八女郡『下妻村是』の「歳入出決算表」

(単位:円)

歳入		歳出	
生産額	233,198	消費額	206,136
小作米輸入	3,713	小作米輸出	6,130
掛作輸入	4,583	掛作輸出	1,766
貸金利子	1,330	借金利子	2,870
公費収入	196	負担	15,196
計	243,020	計	232,098

出典:佐々木(1980), p.103.

資料3.4　福岡県八女郡『下妻村是』の「生産額」と「消費額」

(単位:円)

生産		消費	
農産ノ部		食用品ノ部	
穀類	90,488	穀類	49,698
豆類	3,428	豆類	2,473
蔬菜類	6,968	蔬菜類	5,629
果物	1,074	果物	888
家畜類	1,581	家畜類	1,941
雑ノ部	21,596	雑品類	21,650
肥料	25,056	肥料	48,680
工産ノ部		衣住ノ部	47,769
敷物	29,222	雑部	27,509
雑部	3,476		
商業ノ部	22,691		
職工	11,778		
報酬労働	15,841		
計	233,199	計	206,237

出典:佐々木(1980), p.104.

この『下妻村是』では，流入・流出として一村経済の総体を把握する．そのため，生産と消費の調査，集計は注意深く行われたようである．ここで調査された消費は，それぞれの品目の生産・消費量，購入消費財の移入量を知る手がかりになり，生産量と消費量との差額から，販売，商品化の状況を推察することが可能であるとと佐々木は述べる．

　以上の浮羽郡と八女郡の調査から，福岡県での最初の「町村是」調査における，「消費」の扱いを見て来た．次に，福岡県における二回目の「町村是」調査を検討しよう．ここでも，中心として取り上げるのは，「消費」に関する調査内容である．

　福岡県では，県知事河島醇の訓令書により，1905 (明治38) 年に「町村是」調査が実施された．河島知事は，浮羽郡と八女郡の町村是調査書および調査様式をもとにこれらを整理・検討し『市町村是調査様式』，『市町村是調査下調様式』を作成した．福岡県では，これらにもとづいて町村是調査が行われた．さらに河島知事は，この2冊を各府県に配布し，茨城県と新潟県ではこの様式をそのまま「町村是」調査の様式として，「町村是」調査を実施した，と佐々木は主張した[14]．

　話を戻して，福岡県の『市町村是調査様式』に記載された消費の項目をみていく．ここでの「消費」の取り扱いは，「町村是」調査員の消費実態をもとに平均消費量をもとめる．具体的には，調査員の家計をモデルにする．また各町村において想定される消費量をもとに，その町村における年間の消費量を求めるのである．加えて，物財の仕入れ・販売の調査を行い，生産量・額とそれらを加減する．また，家屋・牛馬なども「経験口碑」という概念で減価償却を行い，消費の項目に加える[15]．そして，総戸数を消費単位としてその消費量に単価を乗ずることにより，町村での消費額が求められる．ここで求められた消費額と生産額により，生産額を収入，消費額を支出とする一村での「収入支出比較」が行われる．この収入と支出との差額が「村力」として経済の総体をあらわす．

　佐々木は，福岡県の「町村是」調査の特徴を以下のようにまとめている．すなわち，

---

[14] 佐々木 (1980), p.107. だが，茨城・福岡両県の「調査標準」を検討した結果，佐々木の主張は，茨城県については誤りであると思われる．この点は，本書の第4章を参照．
[15] これは，幕末の長州藩で作成された『防長風土注進案』でも行われていた．穐本 (1988), 西川 (1985), (2012), (2013) などを参照．

第3章　町村是の資料論と町村是による消費の研究

　「町村是」調査は行政村範囲の一村経済の収支計算である．その方法は，町村民生産所得推計に類似した社会会計である．この社会会計は，生産を流入，消費を流出として捉える．ただし，その推計方法には錯誤，不整合な部分が多い．だが，この社会会計により，行政村における社会経済活動の総体的把握を行うことが可能となり，財政基盤を確立することができるようになる．また，ここで行われた調査は，個別調査を積上げて集計するものであればあるほど，その正確度は高く，資料的信頼性は増す．

　以上，佐々木による福岡県下「町村是」の資料論的考察をみてきた．ここで重要なことは，福岡県の「調査標準」が茨城県と新潟県の「調査標準」のもととなったことである．次項では，町村是に記載された計数に即した資料論的考察を行った，高松信清と大橋博の論文を取り上げよう．

3.3.2　「町村是」のデータへの着目：高松信清と大橋博

　『長期経済統計』の作成に携わった高松信清は，高松（1975）「町村是の『農業経済関係内容目録』」において，「町村是」に掲げられた統計のうち，農業経済関係の7項目を取り上げて資料論的考察を進めている．その7つとは，(1)収入支出，(2)生産費，(3)農家経済，(4)土地価格と小作料，(5)賃金，(6)有形固定資産，(7)金融的資産，である．彼は，全国農事会『町村是調査標準』をはじめとする「町村是」の各種「調査標準」を参考にしながらこれら7項目について説明している．

　高松によれば，町村是は農村の発展計画を作成実行するものである．それは，前田正名による一連の農村振興計画，すなわち『興業意見』から『農工商臨時調査』（『農事調査』とも呼ばれる）を経て「町村是」に至る．本来ならば，全ての項目について簡単に説明すべきである．だが，ここでは次章以降で述べる，ストックとフローの消費に関連のある項目に焦点を絞り，彼の議論をみていこう．

　彼は，全国農事会編『町村是調査標準』を用いて，「町村是」の作成過程を述べる．まず，その調査は，町村内の各戸に個票を配布しそれを集計することにことにより町村内の状況を把握する．実際に，本論文で扱う衣食住の統計については，資料3.1で示した『町村是調査標準』の15―乙―3「衣食住其他生計に関する費用（但其町村内に於て生産したるものを除く）」で，簡単に触れられている．ここでは，町村是では自

― 55 ―

家消費分も算出していたことを彼は指摘した[16].

また,『町村是調査標準』では,「町村是」の収入と支出については,「収入及支出は其町村を一家と見做」す,とある.従来の「町村是」の解説でも,「町村是」は,村を家と見なしその支出と収入を把握することを目的とすると記載されている.そして,「はじめに」でのべたように,また第6章で検討するように,斎藤萬吉は,町村是と農家経済調査,その双方との間には,密接なつながりがあった.

次に,新潟県の『町村是調査基本様式付町村是下調様式』から,(1)収入支出を説明する.高松は,消費合計には,生計費と中間生産物とが混在しているため,生産と消費との差額に一定の意味があるとしている.また,「衣食住其他生計に関する費用(但其町村内に於て生産したるものを除く)」については,但し書きの部分,つまり「其町村内に於て生産したるものを除く」は,実際には無視されていたようであるとしている.

以上の事をふまえて,高松は「町村是」の収入支出をデータとして利用するに際し,5つの点を指摘している.①町村の経済構造を生産と支出の二面から確定する.②町村民の個人支出や農村部の消費統計を利用する.③町村単位での農業生産とその投入要素が判明するので利益率が算出できる.④移出入調査から町村単位の農産物商品化の程度を把握する[17].⑤生産物統計に記載された各生産物の地場価格,消費資料に記載された小売価格やサービス料金の利用,である.

次に,被服のストックに関わる(6)有形固定資産の調査内容を見よう.高松によると,「町村是」の有形固定資産で調査された項目は,(1)収入支出と関係があると述べる.

> 「収入支出調は,その消費に於いて建物・器具,時によっては動植物の減価償却を生計費あるいは生産費の一部として計上する.その点でこの項目は収入支出表と関連している.土地はこのような関係をもたないが,町村是財産の項の最初にあげられるのは農村最大の財産であるためである.家具・衣類も減価償却とは関係ないが,明治期農村の耐久消費財的なものの代表としてとりあげられたものであろう.[18]」

---

[16] 茨城県下の「町村是」では「生産消費」という形で行われている.第4章の資料4.1を参照.
[17] 山田(1943)は,1894(明治27)年の福岡県浮羽郡の村是から,商品化率を算出している.
[18] 髙松(1975), p.395.

第3章　町村是の資料論と町村是による消費の研究

　ここで高松は，当時の人々にとって衣類が耐久消費財的なものの代表として取り上げられている，と述べている．そして，次章以降での議論を先取りすれば，「町村是」には，ストックとしての被服を利用すること，もしくは，被服の減価償却を「消費」と認識していたのである．

　いま取り上げた新潟県『町村是調査基本様式[付]町村是下調様式』は，藤井雅太『郡市町村発展策』を参考にしている，と高松は述べている[19]．そこで，藤井の著作から，(1)収入支出と(6)有形固定資産の調査方法を確認しよう．まず(1)収入支出における消費は，器具の消費を修繕費と新調費とに分ける．後者は，全部をその年内の消費に見積もるのは不当であるとしている．次に，牛馬の消費は減価償却の概念を用いている．具体的には牛馬の現在価格の1割を消費とみなす．最後に，被服については，町村の状況により等級を定めて消費を評定し，また商人の販売高などを参照して調査すべきである，としている．

　ここで注意しておくべき点は，二つある．まず，牛馬の減価償却を行うこと．これは，西川俊作の『防長風土注進案』の研究でも明らかにされているように，既に幕末の長州藩でも行われていた[20]．次に被服につては，「等級を定めて消費を評定する」ことである．だが被服については，(6)有形固定資産の項目を検討してから，触れることにしたい．

　藤井の『郡市町村発展策』では，家具衣料の調査方法について，次のように述べている．

　　「被服類は男女一切の付属品を包含する．年齢男女貧富職業等に応じ千状万態家内数百点に上るものもあろう．ことどとく個人の内容に関する調査であるため困難を強くする．しかし調査委員は概して部落内の有力者で部内の事情に精通している．委員は各人の資産と生計を考え，衣類着用上の等級を定め (10等内外) 其の等級により一定の標準を立てるのがよい．[21]」

---

[19] 高松(1975)，pp.396-397．ただし，先に見たように佐々木(1980)，p.107では，新潟県は福岡県のものを基準にした，と述べている．
[20] 西川(1985)，p.122．
[21] 藤井(1910)，p.122．

- 57 -

藤井によれば，衣服の調査は部落内における衣類調査をもとに，その着用上の等級を定める，とある．着用上の等級とは，何を意味するのであろうか．ここで先の(1)収入支出であげた衣服費に戻ろう．(1)収入支出の衣服費は，「町村の状況により等級を定めて消費を評定し」ている．つまり購入とは別の概念が含まれていそうである．一方，「また商人の販売高等を参照して調査すべきである」とあり，こちらは購入と考えられそうである．

　以上を整理してまとめると，藤井は被服消費について，(6)有形固定資産の項目で調査した被服を着用することを，(1)収入支出の被服消費として計上していたのではないかとおもわれる．以上を踏まえて，次章では茨城県の「町村是」を検討する．だがそのまえに，前節で検討した佐々木(1980)によれば，ここで取り上げた新潟県の『町村是調査基本様式付町村是下調様式』は，福岡県の調査標準をそのまま利用したと指摘している[22]．そこで福岡県の「町村是」の資料論的考察を行っている大橋博の論文を見ておきたい．

　大橋(1982)「明治町村是と福岡県」は，福岡県における町村是の実施とその調査内容について考察している．彼は「町村是」について，「多くの欠陥を持つが，近代資料の中では相対的に精密な分析に耐えうる史料」，「町村単位であるが，戦前において農村の商品化程度，再生産構造を示す唯一の史料」と評価する．そして，1892(明治25)年に田中慶介を中心とする行われた1回目の「町村是」調査と，1905(明治38)年に県知事主導のもと行われた2回目の調査を検討している．本来ならば，両者を取り上げるべきだが，ここでは先の新潟県の「調査標準」と関わりのある第2回調査のみ取り上げたい．

　福岡県では最初の「町村是」調査が行われてから10年余を経て，県知事河島醇の訓令書により，1905(明治38)年に「町村是」調査が実施された．河島知事は訓令において，「現在に於ける確実なる市町村の財力実態を調査すべきこと」と「町村是」調査の目的を示した．各町村は「町村是」調査により現状を認識し，将来の町村経営を示し，町村の経済的自立を目指した．その結果，国家財政の負担に耐えうる地方行政単位の創出が実現される．

---

[22] 佐々木(1980)，p.107

第3章　町村是の資料論と町村是による消費の研究

　福岡県では1905(明治38)年に『市町村是調査様式』,『市町村是調査下調様式』を刊行して，県内の「町村是」調査を実施した．この2つの様式は,「町村是」として刊行される様式（『市町村是調査様式』，以下,「本様式」とする）と，実際に各町村内で調査委員が調査を行う様式（『市町村是調査下調様式』，以下,「下調様式」とする）とに区分できる．つまり，下調様式に則り調査を行い，その集計を調査様式として刊行すると考えられる．

　実際は，下調様式に則り調査委員による各戸単位の調査が行われた．其の結果を集計して，本様式すなわち各「町村是」が作成されたようである．大橋は,「〔データとして使用する際には〕『町村是』の価値としては，本様式より下調様式の方が重要である」と主張する．そして,「下調様式の調査標準が分からなければ，いくら町村是を収集しても読み方が不明であり科学的分析は不可能である」と「町村是」の利用にとり重要な指摘を行う．

　最後に大橋は「町村是」の特色と利用方法を示す．(1)土地所有広狭別の戸数，所有面積．(2)生産物の商品化率．(3)商業,工業,それぞれの労働力の町村での存在形態．(4)商工業における資本回転率．(5)労働者を含むあらゆる階層の所得状態．の5つである．そして，大橋はこれらの問題を解くために「町村是」を「横断面」で利用するには，かなりの経済学の知識が必要であるとしている[23]．

3.3.3　町村是の資料論のまとめ

　以上佐々木，高松，大橋の資料論によりながら「町村是」のデータの特性と使用法について述べて来た．ここで「町村是」の利用に際し，重要な事実を得ることができた．それは，茨城県，新潟県，福岡県の各「調査標準」が同一のものであった可能性がある．これは，3県の「町村是」の比較を可能にできることを意味するであろう．また，各府県の「町村是」に記載されたデータを，それだけでは読み取ることができないとき，他県の「調査標準」からヒントを得ることができる可能性を有することを意味するで

---

[23] 新潟県蒲原郡の「町村是」を用いて農家の貯蓄構造を分析した尾高・山内(1993)は，町村是を経済学のフレームワークで本格的に分析の最初のものであろう．そして，その分析に際し，尾高・山内(1994)で資料論的考察を進めた．だが，この資料論的考察は，町村是の勘定体系からの資料論的考察ではなく,「府県統計書」など別資料とのマッチングが中心であるため，本章では取り上げない．しかし，町村是の分析において，彼らの研究が重要であることには変わりがない．

あろう.

　だが,いま取り上げてきた三者の資料論的考察には,共通して欠けている点がある.それは,「町村是」という制度からみた資料論であり,実際に「町村是」のデータを分析した結果としての資料論ではないということである.この点について,第4章で考察したい.

　「町村是」は生活および消費研究にとり,興味深い衣食住のデータを得ることが可能である.だが,実際の利用には周到な資料論的考察が必要である.この点を,先行研究はどのように踏まえているのだろうか.次節では,「町村是」の家計支出や消費項目を用いた先行研究を考察する.対象になるのは,Yasuzawa, Mine(安澤みね),神立春樹,中西遼太郎,荻山正浩・山口由等の研究である.

3.4 町村是を用いた消費研究
3.4.1 生活様式の変化:安澤みね

　Yasuzawa (1982a) "Changes in lifecycle in Japan:Patteern and structure of modern consumption" は,日本における生活様式の変化を消費のパターンと構造から分析したものである.安澤は,兵庫県揖保郡是,福岡県遠賀郡是,青森県南津軽郡是および石川県の資料を用いて,世帯人員当りの家計支出を飲食費・被服費・住居費ごとに算出して,それぞれの占める割合を求める.支出については,そこに含まれる項目(肉,卵,牛乳,砂糖,果物,輸入酒,タバコ,髪結い)を取り上げ,地域ごとにその消費構造を検討している.ここでは,揖保郡の消費量を100として,他の三つの地域と揖保郡とを比較しており,この視点は,中西(2000)に受け継がれる.そして,これら4地域の家計支出構造の違いをそれぞれの経済的背景に求める.

　安澤は,上記の「町村是」の分析と東京の「細民調査」を分析した結果から,西欧の影響と工業化による経済発展が日本における生活様式の変化を引き起こしたと述べる.その内容は,消費者の需要(要求)が日本の伝統産業を「新しい」製品の製造へと突き動かす.それにより,消費が増大し,その結果として日本人の生活様式が変化したことを主張する.

　安澤は,同年に上記論文の補稿としてYasuzawa (1982b) "Changes in Household

Consumption After 1900"をあらわす．この論文では，Yasuzawa(1982a)で分析した「町村是」を用いて地域比較を行う．そこでは，新たな経済状況に対応した地域と対応できなかった地域で比較し，対応した地域の家計(飲食)状況は良好である，とする．ただし，地理的条件，地域の他の状況を考慮に入れ，両地域の違いを強調することを差し控えている．このYasuzawa(1982b)は，在来産業の重要性を述べ，従来の品物をより安く提供し，下層の人々まで行き渡るようにしたこと，そして，都市においては「デモンストレーション効果」により，商品が上層から下層へと行き渡ることを主張する．その際，下層の人々は，食料費を減らして欲望充足のための消費へ支出を向け，これらが相互に関連して消費のパターンと構造が変化すると結論する．

この安澤論文は，「町村是」の記載を生かして，中西(2000)に溯るおよそ20年前に消費パターンから，「文明開化」を論じた．また，既に中村(1971)により主張されてはいたが，「町村是」を用いて，在来産業が人々の消費構造に与えた影響についても述べられており，非常に興味深い論文である．だが，「町村是」の利用に際し，資料論的考察が行われていない．また，「町村是」の使用についても，なぜ，対象とした4つが選ばれたのか説明がされていない．そのため，安澤自身も述べているが，経済的な背景を考慮した場合，これらの地域に明確な消費パターンの違いが見られるのか，再考の要があると思われる．

ここで取り上げた安澤の研究は，英語で執筆されたせいもあろう，従来余り注目されてこなかったように思われる．「町村是」の生活および消費関連を扱った研究としては，これから紹介する神立春樹による一連の研究が有名である．

3.4.2　消費データとしての町村是：神立春樹の研究

神立春樹は，『明治期の庶民生活の諸相』の「はしがき」において「町村是」を用いたみずからの研究について，次のように述べている．

> 「『村是調査書』は明治半ばから大正期にかけて多数作成されている．消費状況をも対象としているこの調査書によって当時の農村民の生活状況はかなり明らかにできるであろう．それは個々の村についてそうであるが，他の地域の農村との比較が可能となるものである．……〔中略〕…….そもそもは産業革命の展開に

伴う農村民の経済状況を知ることを意図したものである他，その際に，地域による差異を把握しようというものであった．同じ中国地方にあって，山陽，山陰，そして中国山地の事例について検討した．山陰，中国山地のものは，最初の岡山県のものとの比較を念頭にしたもので，それぞれの終わりの部分に置いて比較の内にその状況を整理している．[24]」

　「『町村是調査書』は全国各地で数多く作成されている．これによって生活の地域比較的検討を行うことができる．それは，中西遼太郎氏による茨城県下町村の食料消費量についての研究……〔中略〕……のように，特定項目についての検討によって果すことができるであろう．本書に収録した村是をもとにした四つの論文はそのような手法による地域比較とはなっていない．今後は，そのような手法による全国的な検討が課題となるといえよう．そして，それはそれとして，ここでのようにそれぞれの町村の当時の状況を表出することも，これまた意味のあることであろう．[25]」

　神立は，各「町村是」について以下の分析を行うがすべての論文で，各「町村是」の統計数値をそのまま提示する．その内容は，収入，支出，物産移出入，消費などである．これらの項目を検討することにより，当時の人々の生活状況を明らかにする．具体的には，農業生産と家計における消費支出が中心である．特に消費支出をその内容まで取り上げた意義は大きい．それにより，「町村是」が，衣食住に関する詳細な統計資料であることを明示した．そして，山陽と山陰，中国地方と関東地方という各「町村是」の比較を行う．だが，これらの論文は，具体的に何かを分析，推計するという視点が欠けている．上記に見られるように，神立もこの点を認識している．
　つまり，神立の研究は被服費，食料費，住居費のすべてにおいて「町村是」に記載されている事実を提示するに留まっている．神立は岡山と鳥取の「町村是」を比較しているが，比較の基準が不明である．また，地域差および背後にある経済的状況を考

---

[24] 神立(1999), pp.vii-viii.
[25] 神立(1999), p.ix.

第3章　町村是の資料論と町村是による消費の研究

慮に含まないため，本当に比較になっているのか疑問である．さらに，この研究も「町村是」の資料論的考察は，まったくなされていない．では，次に神立が「町村是」を生活の地域比較検討を行った事例として名前をあげた中西僚太郎の研究をみていこう．

3.4.3　食料消費とカロリー推計：中西僚太郎の研究

　中西（1988）「明治末期の食糧事情——茨城県の場合——」は，農村経済，農民の生活水準を考察するにあたり，食料消費量の推計を行う．中西は，従来の食料消費量推計が，生産量をもとにしたものであることを批判する．そして茨城県下の「町村是」に記載された「消費統計」に基いた食料消費量を推計した．

　中西は，まず，茨城県下「町村是」の成立過程について考察する．そして彼は，茨城県下の「町村是」は，森恒太郎（1909）『町村是調査指針』によるところが大きいとする．そして，森の記述から，食料消費統計は調査委員による各戸別の問尋ないし推定調査であり，町村全体の生産量から移出入量を加減した推定値ではないとする[26]．

　しかし，第4章で詳細に検討するように，茨城県の「調査標準」に記載された消費の調査方法は，「生産消費」と定義されたものである．その内容は，「調査標準」によると，「生産消費」とは「生産品中町村内ニ於テ消費スル物ノ年額ヲ掲クヘシ」とある．つまり，この金額は生産から輸出を減じたものである．また，茨城県下の「町村是」は森の著作から影響を受けた，と述べている．しかし，先の佐々木論文にあったように，福岡の「調査標準」の影響が，より大きいと思われる．よって，中西の資料論的考察は再考の余地があるように思われるが，ここでは，実際に彼が行った資料批判をみることにしたい．

　中西は資料的検討を，つぎの三つの段階に分けて行う．それらは，(1) 食料の種類別統計，各町村の年間総消費量の検討から始める．(2)「町村是」の「消費統計」に記載された食料の歩留まり率が考慮されているかを，生産統計の単価と消費統計の単価を比較することにより検討し，その結果，歩留まり率が考慮されていない，粗生産量であることを確認する．(3) 食料消費量に食品加工用の消費量が含まれるかを検討する．すなわち，茨城県の「調査標準」によれば，「生産消費」の項目は，「生活用」

---
[26] 中西(1988), p.259

と「生産用」に分けられており,「生活用」の消費目的は,「衣食住用品」である[27].「生産用」は,「肥料農具製造用原料品仝薪炭の如き」とある.「生産用」の項目には食料消費量のうち,米・麦・大豆の消費量のみ記載されている.これら「生産用」記載された米・麦・大豆の味噌・醤油・酒などの加工用も含むと判断する.そして,「生活用」に記載されている消費量を,実際に人々が消費した量として確定する.

中西は食料消費量を,米,麦雑穀,いも類,豆類,野菜類,味噌,醤油,酒など当時の食料として重要と思われ,なおかつデータとしてそれぞれの「町村是」に共通してえられるものとして食料消費量の推計を行う.まず,米,麦,雑穀の消費量とその地域的傾向を取り上げる.先に見たように,「町村是」の消費統計は歩留まり率が考慮されていない粗消費量である.そのため,「町村是」記載の食料消費量に歩留まり率を乗じた「純食料」を算出する.次に,この純食料を郡ごとの現住人口で除し,郡平均の米,麦,雑穀の食料消費量を推計した.その結果,茨城県下で消費された米は,ほぼ自給されており,よって,米の消費量は生産量により規定される,と主張する.

次に中西は,米の消費量を穀物消費量で除した,穀物消費量に占める米消費量の割合を算出し,米の消費量が70%以上を「類型A」,70%未満を「類型B」として,両者の主食消費量と消費カロリー量の比較を行う.主食全体の消費量および消費カロリーともに,主食消費量に米の占める割合の大きい「類型A」は,米の割合の低い「類型B」よりも少なくなっている.しかし中西は,類型Aは米食率が高いため,量が少なくともカロリー摂取量にあまり差がないと結論づける[28].さらに中西は,『茨城県統計書』なども利用して米の消費の自給性を考察し,米は移入されておらず,自給されていたと結論する.

たしかに中西の研究は,町村是の計数を利用するにあたり,資料論的考察を行っている.しかし,県の調査標準における消費統計の定義をもう少し確認する必要があると思われる.彼は,県の調査標準にある「生産消費」の項目を利用して食料消費量を推計した.だが,その統計自体を考察する必要があると思われる.例えば,この統計ならば,「生産消費」に記載された数値が,本当に生産から輸出を減じたものであるか,

---

[27] 以下,第4章の資料4.1を参照.
[28] なお,この点については,尾関(2009c)第5章5.6-5.8において,山梨の町村是による分析と比較を行った.

確認する必要があると思う．なぜなら，茨城県の「町村是」はその確認が可能であり，本書第4章4.4では分析に際し，被服の消費についてのみではあるが，その計数の確認を行っている．

最後に国内市場の発展から生活水準を論じた荻山・山口（2000）をみて「町村是」を利用した生活・消費研究のサーベイを閉じることにする．

3.4.4　市場の形成と生活水準：荻山正浩・山口由等の研究

荻山・山口（2000）「国内市場＝生活水準」は，日本の「産業革命期」の国内市場の形成と生活水準の上昇を論じる．彼らの整理によれば，「産業革命期」における国内市場の展開には二つの説があり，中村隆英や正田健一郎を中心とする「拡大説」，一方，石井寛治を中心とする「狭隘説」である．たしかに，両者ともに国内市場を分析するアプローチとして，消費・生活の側面に問題を拡大しようとする方向性を持っていた．しかし，そこでの消費・生活の検討が事例研究にとどまることを荻山・山口は批判する．そして，英国の生活水準論争で論点となった実質賃金の時系列変化を取り上げ，指標の妥当性，分析対象の地域性・階層性が問題にあることを述べる（この点は，本書の第2章2.1を参照）．そこから，生活水準研究においては，分析事例の多様化が必要であり，事例を多くすることにより，事例から一般論への展開が必要であることを述べる．彼らによると「論理上の座標軸」が必要であるということである．

そこで彼らは，日本における生活水準研究の考察からはじめる．まず時系列分析として『長期経済統計6 個人消費支出』を取り上げる．そして，この『長期経済統計』では，地域および階層間の格差を考慮できないと批判する[29]．彼らは，「生活の実態に即して国内市場と生活水準の関連を分析する」ことを目的として，都市下層，在来産業の存在する農村に関する先行研究や斎藤萬吉調査などによりつつ，生活水準と国内市場との関連を考察していく．

ここで彼らは，『東京府南多摩郡加住村農事調査書附村是』を用いて，衣食住の消費生活を考察する．彼らは，特に衣類に注目し，「町村是」に記載された衣類の「居常着用のもの」にあげられた被服支出額を検討し，衣類には所有枚数の差を考慮する

---

[29] 第2章で確認したように『長期経済統計』は，国民経済計算の勘定体系による一国を単位としたマクロ推計である．よって，彼らの批判は適当ではない．

必要があることを述べる．また，被服需要は，季節変動を組み込んだ被服市場を分析する必要があり，その分析には，地域ごとの寒暖の差を考慮に入れるべきであるとする．

そして，農業生産の上昇が生活水準の上昇につながる一方，地主と小作の間の分配関係を明らかにする必要を述べる．最後に，彼らは自分たちの議論を「高価なものを大量に消費することを生活水準の上昇と捉え，主に，財・サービスの消費量・消費額をめぐって生活水準を議論した．」と結論する．

彼らの論文は，国内市場の形成と生活水準という，これまでも問題とされながら立ち遅れていた研究を進めた点で，貢献度は高いように思われる．しかし，資料論的考察が必要な「町村是」に記載された数値をコメント的に用いている．このことは，これまでの考察を考慮するならば，「町村是」の利用法として，再考を要するのではないかとおもわれる．なぜなら，彼らが利用した消費額が，本当に貨幣支出を伴う購入を意味するのか，疑問であるからである．例えば，「居常着用のもの」と記載がある．彼らはこの項目にあげられている金額をそのまま，貨幣支出額と捉えている．だが，言葉には「着用」とあり，「支出」と考えることは注意を要するのではないかとおもわれる．この問題に関しては，先ほどの神立同様に第4章でもう一度取り上げることにする．

3.5 町村是の資料論にもとづいた消費の研究へ

以上，本章では「町村是」の資料論を論じた先行研究と実際に「町村是」を用いた消費に関する研究を概観して来た．そこで判明したことは三つある．第一に，ここで，資料論的考察を重視したが，佐々木，高松，大橋，何れの論者も実際にデータを分析した結果としての資料論を論じていない．つまり彼らは，「町村是」の形成過程からしか資料の性質を論じていない．第二に，「町村是」をデータとして用いた消費に関する先行研究は，中西(1989)を除いて資料論的考察が不十分であるとおもわれる[30]．

---

[30] 新潟県蒲原郡の「町村是」を用いて農家の貯蓄構造を分析した尾高・山内(1993)，尾高・山内(1994)は，「府県統計書」など他の資料とのマッチングなどによる資料批判を行う．しかし，彼らの研究は，先にのべたように町村是の勘定体系による資料論的考察ではないこと(本章の註23を参照)，また，直接に消費を扱っていないため，本書では取り上げないが，尾関(2009c)第4章で検討したので参照されたい．

- 66 -

第3章　町村是の資料論と町村是による消費の研究

特に，神立，荻山・山口はその傾向が強い．これらをまとめ，第三に，「町村是」は非常に魅力的な資料群である．しかし，資料論的考察を十分に行う必要があることである．よって，本書では，町村是の利用に際し，資料論的考察を行う．それは記載された計数を「読む」作業を行うことでもある．以下，次章以降の内容を簡単に触れておくことにしたい．

　第4章では，茨城県下「町村是」の消費概念の検討から，フローとストックの消費について検討する．そこでは，第1章で野田や伊藤の提起した問題に答えるため，被服におけるフローとストックからの消費の分析を行う．そして第5章では，これらの検討をふまえ，山梨県の町村是を用いて，衣食住の消費水準と構造を分析した．

第4章 フローとストックの消費
：茨城県町村是の被服消費概念から

4.1 はじめに

　第2章で検討してきたように，日本経済史における生活水準および生活史の研究は，暮し向きから1人当たり消費量[1]，個別消費財の導入・普及[2]，マクロの集計量の測定[3]，などの分析が行なわれてきた．これらの研究は，いずれもフローとしての消費を扱っている．食料など非耐久消費財は購入後比較的早い時点で使い切ってしまうので，フローとして扱うことができる．しかし，フローの測定だけで，人々が享受する消費水準を示すことができるだろうか．家屋などの耐久消費財は，購入後は資産となり，人々は資産すなわちストックからも消費サービスを提供される．そして被服も，購入後すぐに使い切ってしまうのではなく，ストックされ，ストックから消費サービスを提供される．被服も戦前までは重要な資産であった．よって，ストックからの消費を考慮した消費水準の測定が重要となってくる．そのことは，人々が享受した便益としての消費水準を意味する．

　フローだけで人々の消費水準を測定することには，以前から疑問が提示されていなかった訳ではない．これも第2章で述べたことであるが，伊大知良太郎は「最狭義においては，生活水準ないし暮し向きは当期の家計消費支出によって享受される消費の内容であって，……〔中略〕……この概念の中には，家計保有の諸々の有形資産の効用についても，当期の消費支出によって実現せられているかぎり，これをも含めて考えるのが実際的であろう」[4]と，家計が保有している有形資産の効用を消費水準に含めることを主張している．また同書において野田孜は消費水準比較の方法論の問題点として，「手持品が，消費者の生活に果たす役割が大きいものであることは多言を要しない．けれども現在までの段階では，これらを考慮に入れて展開された理論および計測には接しえない」と述べる[5]．

---

[1] 矢木(1978).
[2] 中西(2000).
[3] 鬼頭(1996).
[4] 伊大知(1964), p.9.
[5] 野田(1964), p.178.

このストックから出発する消費水準推計の必要性は,伊大知や野田が主張する以前にも,また現代の途上国でも問題とされている.戦前,内閣統計局にいた中川友長は,生計費調査の方法について,「購入された品物は購入家計に於いて(イ)直に使用消費されるか(ロ)暫くストックされてから使用消費されるか(ハ)他へ呉れられるか(ニ)賣却されるか(ホ)貸されるかする.従って,品物を購入する金銭支出があつたことだけを記録して安心していると間違ひである.上記(ロ)の場合に於ける使用消費が購入の翌月以後になるときは,その月の金銭支出は物量消費より多すぎることになる.そこで,物量消費に見合ふだけの金銭支出をとらうとするならば,金銭支出の一部を消さねばならぬことになる.しかし,それだけ収入金が現金として餘つている譯ではないから,この部分については預金をした場合と似たように扱ふことが必要となつて来る」[6],と金銭支出と以前に購入された品の消費,すなわちストックの消費を区別する必要性を主張する[7].加えて現代の途上国の家計調査においても同様の必要性が主張されているが,これについては次節で紹介する.

 本章では生活水準の指標の一つとして,茨城県「町村是」を用いて,その資料論的考察をふまえ当時の消費概念を明らかにし,そこから明治後期の被服消費水準を推計することを目的とする.推計では,フロー(購入・自家生産)に加え,当時の人々が被服ストックの使用も消費として認識していたことを示し,耐久消費財としての被服消費について考察する.

4.2 消費の推計方法

 最初に消費の推計方法について少し考えてみよう.ミクロ経済学の消費者理論の基本は,一定期間に消費された消費財とサービスの集合から消費水準が決まる.この消費は,フローとストックからの消費の双方を考慮したものである.だが,実証面ではストックからの消費を捉えることが難しいため消費はフローとして捉えられることが

---

[6] 中川(1948),pp.151-153.
[7] 家政経済学でも,被服の生活水準を測定する指標として次の4点があげられている.①被服を消耗品としてフローでみる.②耐久消費財としてストックでみる.③年間の購入点数を調査する.④被服所持数を調査する.だが①以外の調査が実際には困難であると述べている.伊藤(1977),pp.166-168.

多い．一般にフローの推計方法には，次の二つがある．

　第一のタイプは，生産統計から出発し，輸出を減じ輸入を加えることにより消費量を確定する．明治から昭和にかけての個人消費額の推計として有名な，篠原三代平『長期経済統計6 個人消費支出』にある被服消費の推計は，基本的にこの方法を取る．具体的には，生産統計から出発するコモディティー・フロー法と販売額から出発する小売評価法から個人消費支出額を推計する[8]．本書でも，はじめに茨城県「町村是」に記載された被服関係の生産，移出，移入の各統計を用いて，生産から出発する被服消費推計を行なう．

　第二のタイプは，商品の販売額を消費とする推計方法である．上記の小売評価法がそれに当る．そしてこの推計と表裏一体をなすのが家計調査などに見られる支出統計，つまり家計における貨幣支出を消費として捉える方法である．

　これに加えて，本論文で取上げる被服に関しては，ストックからの消費も重要である．しかし経済史において，ストックから出発する被服消費推計は，管見のかぎり見られない．これに対して近年の開発経済学では，途上国の実態を認識するためにミクロの家計データを用いた分析が行なわれている．例えば，世界銀行が途上国で行なうLSMS（Living Standards Measurement Survey，生活水準指標調査，以下世銀調査とする）から，その方法論を扱った世銀の報告集は，家計調査の設計を様々な角度から取り上げている[9]．世銀調査は家計における消費財の消費を，式（1）非耐久消費財と式（2）耐久消費財で示す[10]．

　　非耐久消費財　消費＝前期からの持ち越し＋生産＋贈与受取＋購入－次期への
　　　　　　　　　持越－消耗－他への贈与－販売　　（1）

非耐久消費財について，特に食料に関しては式（1）の全要素を集める努力がなされている[11]．「持越」分は，それが「数年以上の耐用年数を持ち，世帯にとりとても重要な

---

[8] 以下，推計方法については，篠原(1967)，第5章，pp.49-52による．
[9] M. Grosh and P.Glewwe, eds. (2000).
[10] A. Deaton and M. Grosh. "Consumption", in Grosh and Glewwe(2000), pp.90-133.
[11] 以下，Deaton and Grosh(2000), "Consumption"による．

ので，その購入は数年を経ても詳しく記憶されており，ストックとしての財を資産として売買する市場が成立している」[12]場合にはストックとなる．式（1）は，まず数量で把握され，次に世帯レベルの機会価格を用いて帰属消費支出に換算される．ここから分かるように，世銀調査では，ストックとの関係も明示的に入っており，家庭内生産の消費もきちんと入っている．つづいて耐久消費財の消費についてみていこう．

　耐久消費財　使用者コスト=機会費用（利子）+減価償却額　　（2）

ストックされた耐久消費財の消費にもコストがかかる．それは，対象となる一定期間（通常は1年）内にストックとしての耐久消費財の数が変化しなかった場合，そのストックに対応した機会費用（利子）と減価償却額からなる使用者コスト概念の金額で定義される．これは，この耐久消費財をレンタルした時の費用に等しい．これは通常の経済学教科書にある，「陰伏的レンタル率」と基本的に同じ考えである．耐久消費財の場合の特徴は，それを使用した時に得られるサービスが便益として捉えられるところにある[13]．

　現在の被服ストックはゴミ問題（被服の死蔵化）としてクローズアップされており，着用しなくなった被服は資産としての価値を持ち得ない．だが，戦前は被服の資産性は現在とは異なり大きなものであった．被服は財産調査の対象となり，古着屋が重要な商業として成立していた．つまり，ストックとしての被服を売買する市場が成立していた．これらの点から考えると，被服の多くは耐久財としても認識されていたとみて良さそうである．被服が耐久財であると判断できたならば，求めるべき消費とは，式（2）の「使用者コスト」の概念となる．

　被服は購入後，ストックされ，それを使用する．従来の被服消費は購入（ないしは自家生産）の段階までの推計であったと思われる．つまり，フローとしてのみ捉えられていた．しかし，当時の被服は耐久消費財として認識されており，被服ストックからも消費サービスを提供する．つまり，式（2）の使用者コストによる推計も必要であ

---

[12] Deaton and Grosh (2000), "Consumption", pp.116-118.
[13] 開発途上国の家計調査の耐久財の消費は，耐久財の使用を便益と認識している．つまり，ストックの使用からも便益を得るのである．この点については，A.Deaton and S.Zaidi(2002)., pp.33-35.

ろう．実際，以下で検討する茨城県下「町村是」調査には2つの異なった消費概念が併存していた．よって，本章ではこの茨城県「町村是」を用いて，フローとストック双方の視点から被服消費水準を推計する．その前に「町村是」の資料論的考察から，当時の消費概念を検討する．

4.3 消費概念の再検討：茨城県町村是の資料論的考察を通じて
4.3.1 町村是について

前節の消費に関する式（1），（2）の考えを援用して，茨城県「町村是」に記載された消費統計と生産統計，移入統計を利用して明治後期のフローとストックの被服消費水準の推計を行なう．最初に資料の成り立ちとその内容を簡単に紹介する．

前田正名によって推進された「町村是」制定運動は，明治20年代から始まった農村調査である[14]．だがその内容は作成された時期により，大きく異なる[15]．「町村是」の作成は，明治20年代半ばから30年代前半にかけては全国農事会が中心であった．その後日露戦争を契機に，内務省の「地方改良運動」の一環として作成されはじめ，全国的な広がりを見せていった．「地方改良運動」時になると県の指導が顕著になり，「町村是」調査が系統的に行われるようになった．このように作成された「町村是」が，多く残されているのは，福岡，島根，茨城，新潟の4県である．そして，前章で取り上げた佐々木（1980）によれば，茨城県と新潟県の「町村是」の調査方法は，福岡県の調査方法を受け継いだ，とされている[16]．

「町村是」は3つの勘定体系から成り立っていた．以下簡単に説明しよう．「町村是」は行政村を一つの経済単位とみなし，そこでの収入（生産など）・支出（消費など）の収支勘定を推計することを目的とする．「町村是」調査のマニュアルである『町村是調査標準』によれば「其町村を一家と見做して収入と支出との経済状況を知らんと欲する」ものであった[17]．これは調査年次におけるフローの勘定である．これを現在の言葉で述べると，「村民総所得勘定」の推計となる．

---
[14] 前田正名の「町村是」運動については，祖田（1973）および同（1980），第5章を参照．
[15] 以下，高橋（1982），pp.19-23による．
[16] 佐々木（1980），p.107.
[17] 全国農事会編（1901），p.4. なお，佐々木（1970），（1971）をも参照．

「町村是」の勘定体系の2番目は対外収支である．「町村是」では，村内外の土地所有関係と地租・小作料の出入りについて詳細な調査を行なっていた．加えて村外へ売却した生産物総額と，村外から購入した総額，すなわち「町村内外輸出入総額」も独立した調査項目として存在した．

　第三には財産調査があげられる．これは第一，第二と異なり，ストックの調査である．『町村是調査標準』には，「町村共有財産，貯蓄金額」の項目がある．その少なからぬ調査において団体有財産のみならず個人有財産，後者は土地・建物や家具・被服などの生活資材までが調べられていた．この財産調査が「町村是」の三番目の勘定体系である．

　問題は両者つまり第一，第二のフロー勘定と第三のストック勘定との関係である．現代の統計において，両者は截然と区別されている．よって，「町村是」を用いて消費の推計を行なうには前二者のフロー勘定を用いればよいとおもわれる．しかし，次項で確認するように，消費統計だけではなく「町村是」資料全体，すなわち「町村是」の勘定体系から消費統計を見直すと，ストックからの使用が金額換算され，「消費」額として計上されていた．

4.3.2 茨城県の「町村是」調査標準に記載された消費概念

　ここでは，茨城県の「町村是」の消費概念を検討していく．茨城県では，坂仲輔知事が1909(明治42)年5月27日に県訓令を出した[18]．それが茨城県の「町村是」のマニュアルとなった『郡市町村是調査標準』(以下「調査標準」とする)である[19]．この調査標準で消費は，次のように調査されることになっていた．

---

[18] 茨城県の「町村是」制定については，以下の文献を参照のこと．木戸田(1978a), pp.93-112, (1978b), pp.47-69．なお茨城県の「町村是」を用いて食料消費の推計を行なった研究として，中西(1989), pp.255-275を参照．
[19] 茨城県(1909),『郡市町村是調査標準』『茨城県報号外』明治42年5月27日，茨城県，p.51, 茨城県立歴史館蔵．
[20] 茨城県『郡市町村是調査標準』, p.52.

- 74 -

第4章　フローとストックの消費

資料4.1　茨城県の「町村是調査標準」

消費　生産消費高(生産品中村内ニ於イテ消費スル物ノ年額ヲ掲クヘシ)

品名	生活用			生産用			価格計
	数量	単価	価格	数量	単価	価格	
何々							
何々							

出典)『郡市町村是調査標準』,『茨城県報号外』明治42年5月27日, 茨城県, 1909年, p.51, 茨城県立歴史館蔵.
註) 原資料は縦書きである.

　資料4.1の茨城県「調査標準」によると, 茨城県「町村是」における消費統計は,「生産消費高」という名称で調査された. これは村内で生産された生産物のうち, 同一の村内で消費されたものを生活用と生産用の消費として調査している. なお,「生産消費高」は他町村への移出分は控除されている[20]. この「生産消費高」は, 生産から出発しているので, これに移入を加えると生産統計による消費額および量が推計できる. また, このことは茨城県「町村是」の生産, 移出, 移入の統計からも, 生産から出発したフローとしての消費が推計できることを意味する.

　さて, 茨城県下の「町村是」にはこの「生産消費高」とは異なり,「生活費－被服費」や「生活消費高－被服」などの項目名でも, 消費調査が行なわれている(以後,「生活消費」と呼ぶ). 茨城県行方郡立花村の事例をみよう. この村は,「調査標準」で決められた消費調査, つまり「生産消費高」と, ここで取り上げる「生活消費」の二通りの消費調査を行っているからである. まず,「生産消費高」には生糸など被服の原料と反物など材料が含まれ, 金額は, 一戸当り18円63銭7厘である[21]. 一方,「生活消費」は単衣や袷など完成品が中心であり, 金額は, 45円70銭である[22].「生活消費」の金額は,「生産消費高」の約2.5倍である. したがって「生産消費高」が生産から算出された数値であり, もう一方の「生活消費」は, 別の内容が調査されて記載されたと考えられる. つまり, 両者は別系統の概念で調査されたと推測される.

　先に述べたように「町村是」の勘定体系の一つとして財産調査を上げることが出来る. 茨城県「町村是」でも財産調査は行なわれており, そこでは被服も調査されている.

---

[21]『茨城県行方郡立花村是』(1909), pp.103-104より計算.
[22]『立花村是』(1909), pp.111-112より計算.

被服における「生活消費」とストックとの関係が明示的にわかる資料があるので，それを見てみよう．資料4.2の『茨城県真壁郡大村是』の表式は，県の「調査標準」とは異なる被服消費が示されている．

資料4.2　茨城県「生活消費」の表式の一部

第十五章　生活　第五十二節　生活費　第一　被服費及其等級

種目／區別	數量	單價	價格	消費戶數	一戶當り價格
外套	36	4.104	147.744 [183.750]	30	4.925 [6.125]
洋服	14	10.642	148.988 [144.000]	12	12.416 [14.400]
單衣	1,446	1.020	1,474.920 [1,432.120]	700	2.107 [2.046]
:	:	:	:	:	:
計	37,742 [37,942]	30.281 [30.370]	9,894.184 [9,789.160]	-	-

等級	標準	戶數	價格
一	貳千圓以上ノ衣類ヲ所有スルモノ	-	-
二	千五百圓以上ノ衣類ヲ所有スルモノ	1	1,611.000
三	千圓以上全	25	26,250.000
:	:	:	:
七	五拾圓未満ノモノ	115	4,600.000 [460.000]
計	-	768 [767]	254,081.000 [37,804.000]
平均	-	-	330.835 [492.96894]

出典)『茨城県真壁郡大村々是』，1913年(1909年現在)，pp.85-86より作成．
註)原資料は縦書きである．実際の「種目／區別」には21の被服の種目が記載され，「等級」は1等から7等である．また原資料の数値は，明らかに計算違いと思われるため(特にストックの額)，再計算によって求めた数値を掲載し，原資料の数値はブラケット内に示す．そのため『大村々是』の数値は，本論文では使用しない．

この『大村々是』の数値には明らかな計算違いがみられ，それがあまりにもはなはだしいため，原資料，再計算の数値ともに次節の推計作業には使用しない．だが，この資料は，明らかに被服消費をストックの使用として調査していることを示す重要な

第 4 章　フローとストックの消費

資料である．では資料4.2について説明する．資料4.2は，「被服費及其等級」と示され，二つの表式から構成されている．最初に第１行から第6行をみていくと，「被服費」つまり被服消費額が，具体的な種目ごとに記載されている．第１行には，種目／區別，数量，單價，價格，消費戸数，一戸當り價格が記載されている．ここでは，第４行の單衣を例に表の説明をする（以下，再計算を行なった箇所は，その数値を示す）．單衣の数量は1,446，單價は１円２銭，價格は数量に單價を乗じた1,474円92銭，消費戸数は村内で單衣を「消費」したのが700戸であることを示し，一戸當り價格は價格を消費戸数の700戸で除した２円10銭７厘である．そして「被服費」の合計額は，9,894円18銭４厘である．次に第７行から第14行までが，「其等級」である．第７行には，等級，標準，戸数，價格が記載され，第14行には，ストックの全村「平均」額が示されている．これは，明らかにストック調査である．ここでは等級三と等級七を例にして表の説明をする．等級三の標準は，「千圓以上ノ衣類ヲ所有スルモノ」であり，戸数は25戸，金額は26,250円である．等級七は，標準が「五拾圓未満ノモノ」で，戸数は115戸，金額は4,600円である．價格の合計は254,081円，平均は，330円83銭５厘となる．『大村々是』では，県の「調査標準」とは異なって，「其等級」に記載されたストック調査に基づき，ストックの使用分を「被服費」すなわち被服消費額として計上していたのである．また『茨城県西茨城郡南山内村是』の被服消費の項目には，備考として「本表ハ明治四十二年中ニ新調シタル額ニアラスシテ消費シタル額ナリ」[23]という記述がある．この村でも，フローではなく，ストックの使用を被服消費と認識していたことが伺える．以上のことから，茨城県ではストックを調査し，そのうち使用した額を消費として認識し，「町村是」を作成した町村が存在した．すなわち，茨城県の被服消費は「生産消費高」というフローの消費と「生活消費」というストックからの消費，この二つが調査されたのである．

　このストックの使用も消費と考えるべきであろう．ストックの使用を消費として認識している例は，他県の「町村是」からも確認される．新潟県中頚城郡源村では，被服消費を「衣類ハ總価格ノ一割五分ヲ年消費額トス」と，「總価格」すなわちストック額の15％を年間の消費額として推計した[24]．富山県東砺波郡種田村では，「本村衣類

---

[23] 『茨城県西茨城郡南山内町村是』(1912), p.118.
[24] 『新潟県中頚城郡源村是』(1918), p.47.

― 77 ―

見積総額九万五千五百七十圓七ヶ年保存スルモノトシテ算出ス」として,「見積総額」の七分の一にあたる13,652円89銭を年間の被服消費として計上した[25]. 奈良県生駒郡富雄村と伏見村では, 被服消費を「所有着用スルモノ」として調査を行なった[26]. 和歌山県海草郡雑賀村と中之島村では, 財産調査の品目と消費の品目名が同じでともに点数で表示されており, これらもストックからの使用を消費と認識していた[27]. また岐阜県揖斐郡川合村の被服消費は, 現代の住民税の前身である戸数割の等級と結び付けられている[28]. 税の賦課基準は財産調査によるので, 川合村の被服消費はストックからの消費とみなせる.

このストックの使用を金額表示するためにどのような算出方法が使われていたかは判明しない. しかし, それが先に見た開発途上国の家計調査の式(2)「使用者コスト」と基本的にそう異なったものではなかったと思われる. すなわち, ストックからの消費サービスの水準を示したものであろう.

次節では, フローとストックの消費概念を手がかりに明治後期茨城県の被服消費推計を行なう. 具体的には, フロー(購入, 自家生産)の消費が, いったんストックに含まれ, そのストックからの使用も消費として認識され, 消費水準として測定されたことを示す.

4.4 茨城県の町村是による推計
4.4.1 分析視角と資料

フロー(購入・自家生産)としての消費推計とストックの使用としての消費推計を行なうために使用する資料は, 茨城県下「町村是」と『茨城県統計書』である. 今回被服消費として取り上げた消費, 生産, 移出, 移入の各統計は, 繭, 綿などの被服の原料をはじめ, 織物, 小間物までを含む. なぜ, 繭や綿などの原料を含めたか疑問の向きもあると思う. 原料と製品(例えば繭と生糸と反物)の二重計算がなされた可能性が

---

[25] 『富山県東砺波郡種田村是』(1925), p.74.
[26] 『奈良県生駒郡富雄村是』(1908), p.29. 『奈良県生駒郡伏見村是』(1908), p.25.
[27] 『和歌山県海草郡雑賀村是』(1911), pp.101-102, p.184. 『和歌山県海草郡中之島村是』(1913), p.99, pp.188-189.
[28] 『岐阜県揖斐郡川合村是』(1913), p.52-53. なお戸数割については, 水本(1998)を参照.

第4章　フローとストックの消費

ある．茨城県の「調査標準」は，この点については特に触れていない．しかし，福岡県「町村是」の調査標準からこの点を論じた佐々木豊によると，「工業はたとえば，醸造用原料として消費した米麦・大豆はこれから除き，これを原料とした生産結果として，その生産額を計上する．同様に繭と生糸なども，その重複をさけること」[29]としており，「町村是」の統計は，原料と製品との二重計算を回避したと考えられる．先に述べたように，茨城県の「調査標準」は，福岡の調査標準をもとに作成された．よって，茨城県の調査においてもこの点については，考慮がなされていたと考えられる．また，当時の人々が被服を新調する方法として，反物や既成服の購入と自家生産の繭や綿から糸を紡ぎ，反物に織りそれを仕立てて着用する双方が存在した[30]．そのため繭や綿のデータも被服消費の推計には必要なのである．なお，これら繭と綿については数量のみ記載された「町村是」が存在する．その場合は，該当年度の『茨城県統計書』の繭と綿の単価を乗じて価額を計算し，その価額を利用する[31]．今回用いる茨城県「町村是」は，1908（明治41）年から1918（大正7）年までに調査されたものである．しかし，フロー（購入，自家生産）の推計を行なうために用いる「町村是」は，被服に関する「生産消費高」，移出，移入の統計が全て揃い，加えていわゆる「大正ブーム」の影響を考慮するため，1913（大正2）年までのものである．なお「生活消費」，ストックも1913（大正2）年までの「町村是」を使用する．

4.4.2 フローの推計

「生産消費高」＋移入

はじめに，茨城県の「調査標準」（資料4.1）に記載されている「生産消費高」から，フロー（購入，自家生産）の被服消費額を推計する．さきに述べたように「生産消費高」は町村内で生産した財のうち，他町村への移出分を除いた数量が記載されている．よっ

---

[29] 佐々木(1980)，p.110.
[30] 被服の自家調達については，谷本(1998)，pp.29-30を参照．
[31] 農業生産の自家消費が統計から抜け落ちてしまうことが問題としてよく指摘される．だが，茨城県「町村是」の「生産消費高」の金額は，基本的に自家消費も含むと考えられる．たとえば，繭は，生産の項目には「繭」とだけ記載されている．次に移出の項目をみると「精繭」（品質の高い繭）とあり，「生産消費高」には「屑繭」とある．移出と生産消費の繭の数量と金額の合計は，生産の数量と金額と等しくなる．これは，従来の消費統計で問題とされていた，自家消費に廻る生産物の問題を村レベルで扱うことが出来る．後述するように，人々はこの「屑繭」を自家で糸に紡いで消費していたと思われる．なお，この問題についての詳細は，佐藤(1987)，pp.353-357を参照．

て,「生産消費高」に移入を加えると,生産から出発した消費推計となる.

「生産消費高」に移入の金額を加えた平均値と中央値を示す.以下,金額を【算術平均／中央値／データ数】であらわす.大正2年までの全町村では,【45円17銭5厘／35円92銭4厘／31】である.異常値と思われる2村を除くと【34円96銭8厘／33円51銭2厘／29】となる.ここで,フロー総額に占める「生産消費高」と移入の割合を求める(除異常値)と,前者の割合は26.6%,後者は73.4%である.村内での被服消費は,その四分の一を自らの村内で,四分の三を村外からの移入によって構成されていた.

自家生産について

ここでは家計における自家生産について考える.明治期の被服調達方法は,現在と異なり,既成服を購入することは少なく,反物を購入してそれを仕立てるか,もしくは自家で糸を紡ぎそれから反物を織り,それを仕立てて着用した.加えて広範に古着の需要が存在していた.

ところでフローを表わす「生産消費高」プラス移入は,被服消費額である.この被服消費額のなかに被服の購入額がどの程度含まれているか,資料上からは判明しない.そこで先に述べた「町村是」の勘定体系の一つである「村民総所得勘定」に含まれる商業の項目に記載された古着商販売額(古着商,古着古手商を含む)と呉服商販売額(呉服商,呉服太物商を含む)から,フローとしての購入額を算出すると,【23円55銭6厘／6円36銭9厘／32】である.異常値とおもわれる5村を除くと【9円83銭6厘／5円10銭5厘／27】となる.「生産消費」プラス移入の額から古着商と呉服商の販売額を減じると(双方とも異常値を除いた値で計算),平均値で25円13銭2厘,中央値で28円40銭7厘(割合でみると平均値で28.1%,中央値で15.2%)となる.この25円ないし28円が,純粋な意味での被服の自家生産の額であるとみるのは非現実的であろう.ここで購入額として計算したのは古着商と呉服商の販売額である.だが,実際の被服調達には糸の購入,染賃などがあり,傘,靴,下駄等の購入もあったはずである.次の資料からもう少し考察を進める.

『茨城県行方郡津知村是』には,「生産消費高」による消費額と村内全体の消費額の双方が判明する「生産消費比較統計表」が記載されている[32].『津知村是』には移出入

---
[32]『茨城県行方郡津知村是』(1911),pp.47-65.

第 4 章　フローとストックの消費

統計が存在しないため，正確な確認は行えないが（そのためこの村は上記のフロー推計には用いていない），この表に記載された「生産消費高」から村内全体の消費額を減じて，その残余がプラスなら移出，マイナスなら移入と考えることはできると思う．そこで「生産消費比較統計表」を用いてはじめに「生産消費高」と移入の割合を求める．この表に含まれる被服の品目は，生糸，織物，帽子，綿，糸類，二重廻，トンビ類，吾妻コート，肩掛，小間物，草履・草鞋，蓑，編笠，鼻緒，雪駄，下駄，傘及洋傘の18品目である．「生産消費高」合計は，1,133円28銭，村内全体の消費額は4,814円4銭である．前者から後者を減じるとマイナス3,680円76銭となる．この額を村外からの移入額とする．よって，津知村内全体の消費額にしめる「生産消費高」は23.5％，移入は76.5％である．先にみた，フロー推計の総額に対して計算すると「生産消費高」の割合が26.6％，移入の割合は73.4％になる．この割合が何を意味するか，もう少し分析を進めよう．

「生産消費比較統計表」に「生産消費高」が掲載された4品目について【「生産消費高」額／「生産消費高」数量／／全村消費額／全村消費数量】で表わす．生糸【447円48銭／13560匁／／447円48銭／13560匁】，織物【542円40銭／452反／／1,622円40銭／1,352反】，草履・草鞋【7,890足／84円90銭／／7,890足／84円90銭】，編笠【900箇／58円50銭／／720箇／46円80銭】である．全村消費額と「生産消費高」を比較すると，生糸と草履・草鞋は，すべての需要を村内の生産でまかなっていた．織物は，需要の66％を移入によっていた．編笠は，生産額の20％を村外へ移出した．なお，ここにあげられない残りの14品目はすべて移入と考えられる．

さて，茨城県「調査標準」による消費統計すなわち「生産消費高」は，村内で生産された生産物のうち，同一の村内で消費されたものを消費として調査することは先に述べた通りである．では，ここであげた生糸，織物，草履・草鞋，編笠について，『津知村是』の「生産消費高」と生産統計の「工産及手工」[33]を比較しよう．以下【「生産消費高」額／「生産消費高」数量／／「工産及手工」額／「工産及手工」数量／製造戸数】で示す．生糸【447円48銭／13560匁／／447円48銭／13560匁／240戸】，織物【542

---

[33] 「工産及手工」には，生糸や織物などの他に清酒，醤油，豆腐，家具，農具，搾油など合計24品目が記載されている．『茨城県行方郡津知村是』(1911), pp.80-81.

円40銭／452反／／542円40銭／452反／240戸】，草履・草鞋【7,890足／84円90銭／7,890足／84円90銭／240戸】，編笠【900箇／58円50銭／／900箇／58円50銭／１戸】である．「生産消費高」と「生産及手工」の額と数量が一致するので，「生産消費高」は，生産統計をもとに作成されたことがわかる．ただ，製造戸数の多さが気になる．この村は現住戸数288戸の村である[34]．それに対して，生糸，織物，草履・草鞋の製造戸数が240戸と現住戸数の８割を超す．これらの品目のうち，生糸，草履・草鞋は，村外への移出入がなく，織物は村外から移入されて，編笠が村外へ移出されていたのは，さきに見たとおりである．そこで「工産及手工」の備考欄をみると「本表中製品は多くは自家用に供するものなれとも唯清酒醤油の如きは其販路も遠く東京市，銚子，佐原，土浦，其他の各地に輸出す」[35]とある．「生産消費高」のもとになった生産統計は，自家生産を含むものであった．つまり，この村で消費した生糸，織物，草履・草鞋は，自家生産のものである．すなわち自家で糸を紡ぎ，布を織り，仕立てていたのである．一方編笠は，津知村内の製造業者が生産したものを購入していた．

　『津知村是』の「生産消費比較統計表」の分析から，「町村是」の「生産消費高」は自家生産を含むものであったということができる．ここで編笠を除いて津知村の全村消費額に占める，「生産消費高」すなわち自家生産の割合を求めると22.6％，移入すなわち購入の割合は77.4％となる．自家生産された被服は，生糸，織物，草履・草鞋といった伝統的な被服である．次に，移入すなわち購入の中身を見ていこう．津知村での被服調達の購入金額は，編笠を含め3,726円６銭７厘（移入額プラス編笠の全村消費額）である．そのうち所謂，「洋物」と思われるもの，帽子，二重廻，トンビ類，吾妻コート，肩掛，傘及洋傘の合計額は441円である．これら「洋物」が，購入額に占める割合は11.8％である．なお，本書第5章の山梨県西山梨郡『清田村・国里村々是』を用いた分析においても，年間フロー（購入・自家生産）に占める，仕立裁縫の原料を含む購入額の割合は約８割ほどであり，購入の1割が「洋物」であった．残りは伝統的な被服に仕立てられていた[36]．

　『津知村是』の発見事実をまとめると，被服の新調に際し，糸を紡ぎ布に織り仕立

---

[34] 内訳は，農業162戸，商業56戸，工業27戸，漁業７戸，雑業36戸である．『津知村是』，31〜33頁．
[35] 『茨城県行方郡津知村是』(1911), p.81.
[36] 本書第5章5.3.1を参照．

第 4 章　フローとストックの消費

てること，糸や布を購入しても仕立てるのは自家で行なうということが明治後期においても相当の割合で残っていた．また購入する場合も「洋物」などあらたな消費財の購入へ向かうのは，購入額の 1 割ほどであった．『津知村是』の事実をそのまま「町村是」のフロー総額にしめる「生産消費高」と移入の割合に当てはめるのは，行き過ぎであろう．だが，茨城県の「生産消費高」に決して少なくない自家生産の産出が認められる点は，注意を要する．

この事実は，在来産業史研究が指摘している在来的な需要構造の持続を意味するものであろう[37]．すなわち，被服の調達は洋服など新たな消費財の購入へ向かう一方，伝統的な被服調達の方法，とくに反物を織り仕立てることは根強く残っていたと思われる．

4.4.3　ストックとその使用としての被服消費

ストック

ここではストックの使用からの消費という，従来の消費水準研究で問題として提起されながらも，実際には扱うことの難しい消費を推計する．まず，ストックとしての被服の金額を確認する．茨城県の「町村是」には資産として，土地や金融資産などとともに被服や家具などのストックが調査されている．とくに「生活消費」統計が存在しない村でも，ストックの被服が調査されていることは，当時の人々にとってそれだけ被服が資産として重要であったことを示すものである．そこに示されたストックとしての被服の金額をみていくと，【125円59銭 1 厘／114円45銭／32】である．また，異常値と思われる 3 村を除くと，【108円46銭 9 厘／97円75銭／29】となる．

また，被服のストックが調査された理由を資料論的視点から考えると，前節の『茨城県真壁郡大村々是』（資料4.2）で見たように，「町村是」の被服消費はストックの使用を消費として認識している．ストックの使用を消費として取り上げるには，その前提としてストックの調査が行われなければならない．

「生活消費」，すなわち被服ストックの使用

前節で説明したように，茨城県「町村是」は被服ストックの使用である「生活消費」という調査を行なった．この「生活消費」調査が行われた町村では，原則としてフロー

---

[37] 谷本(1998)を参照．

の消費である「生産消費高」調査が行なわれない[38]．このことは，被服消費をフローとして認識することとストックの使用として認識することが併存していたことを示唆する．

ここで集計された「生活消費」の金額は，【32円65銭6厘／29円14銭8厘／31】である．異常値と思われる2村を除くと，【29円78銭7厘／28円19銭6厘／29】となる．「町村是」の調査は村民の現況を知るためのものであり，衣食住に関する統計もその視点で調査された．「生活消費」調査から分かることは，当時の人々にとって被服消費は，購入や自家生産とならんでストックの使用も重要であったのである．

4.4.4 「町村是」の被服消費水準：フローとストックの使用

表4.1に被服のフローの金額を3種類示す．ここで茨城県「町村是」のフローとして用いる数値は，前々項で推計した「生産消費高」プラス移入の金額である．その金額は，平均が35円，中央値が34円であり，分布に偏りは見られない．

表4.1 「町村是」のフローと他のフローとの比較

	茨城県「町村是」	斎藤萬吉調査			『長期経済統計』基準
	1.「生産消費高」プラス移入	2.地主	3.自作	4.小作	5.「家計支出額」
平均	35円	277円	48円	22円	52円
中央値	34円	-	-	-	52円
データ数	29	24	27	27	-

註）茨城県「町村是」に関しては本文 4.3.2 を参照．斎藤萬吉調査については，本文の註 39 と 40 を参照．また，『長期経済統計』基準は，註 41 を参照．以上より作成．なお，金額は銭を四捨五入して円に切り上げている．

さてここで茨城県「町村是」のフロー推計（「生産消費高」と移入額との合計）と従来の被服消費推計を比較してみよう．まず，明治期の農村および農家の調査として有名な斎藤萬吉調査からみていこう[39]．この資料は，地主（24ヶ村平均）・自作（27ヶ村平均）・小作（27ヶ村平均）の3つについて家計の支出額を調査している．ここでは，「町

---

[38] 例外は，行方郡立花村と延方村である．なお，本書の第5章で用いた中込編(1915)『山梨県西山梨郡清田村・国里村々是』，pp.47-49には，茨城県の「生産消費高」と「生活消費」に対応する被服消費統計が記載されている．山梨県の場合，前者は「染織裁縫費」，後者は「被服費」という名称である．
[39] 以下，斎藤萬吉調査の数値は，斎藤(1919/76)．なお，第6章6.1で検討するように，この調査の一部の計数には，愛知県下の町村是の計数が用いられている．

第 4 章　フローとストックの消費

村是」の調査年に対応する明治41年，明治44年，大正元年における被服支出額の平均を地主，自作，小作について比較する[40]．地主は3ヶ年平均で277円，自作は48円，小作は22円である．地主と自作および小作との差が大きいので，自作と小作の平均を求めると35円になる．これは茨城県「町村是」から求めたフローの推計額，つまり「生産消費高」プラス移入の額に近似する．

次に『長期経済統計6個人消費支出』には，生産量統計から出発した被服支出額が1人当りで算出されている．「生産消費高」の町村を対象に，この1人当りの金額を各町村の現住一戸当り人口数に乗じて，その平均値と中央値を算出した（この値を「『長期経済統計』基準」と呼ぶ）[41]．結果，一戸当りの平均，中央値ともに52円である．『長期経済統計』基準と「町村是」のフローの推計額と比較すると，18円の差が存在する．『長期経済統計』基準の消費額は生産統計から出発した推計である．そのため，基本となる生産統計が変化すると，当然個人消費支出推計も変化する．また，生産統計から出発した消費推計は，全国をひとつの消費主体としてその平均を考えるが，その内部における分配の問題が考慮されていない．そのため，東日本と西日本の差，より重要な問題点として，都市と農村の格差を考慮することができない．そのため『長期経済統計』基準と「町村是」の金額が乖離したと思われる．

次にストックとその使用の関係を見る．さきに求めたストックの使用である「生活消費」の金額は，平均が30円，中央値が29円である．次にストックは，平均が108円，中央値が98円である．そして，「生活消費」をストックで除することによりストックの使用を求めると，約3割である．

すでにみたように，ストックからの消費は，使用者コスト論によれば減価償却に加えて機会費用（利子）も含めた額となっている．そのため，ストックからの消費を単に減価償却とすると被服の耐用年数が過少になってしまう恐れがある．この点について

---

[40] それぞれについて【地主／自作／小作】の金額は，明治41年【220円／40円／23円】と明治44年【298円／50円／24円】，大正元年【312円／54円／20円】である．斎藤萬吉 (1919/76)，「八農家の家計」，pp.483-508．
[41] この平均と中央値は，(「町村是」現住一戸当り人数)×(「町村是」の調査年度に対応する『長期経済統計』の一人当り被服支出額)，で求めた．『長期経済統計』はコモディティ・フロー法による推計なので，この数値は「生産消費高」プラス移入の額に対応する．よって，『長期経済統計』基準と「町村是」によるフローの推計は，差がより大きくなることを示す．

は，第5章でもう一度取り上げることにしたい．

　他方，フローの「生産消費高」プラス移入が35円でストックからの使用額30円と大きく変わらない水準であったという事実は，自家生産と購入は主としてストックの減耗を補うものであったことを示唆する．同時に，前者が後者を若干（5円）上回っていたということは——それが常態であったと仮定できればであるが——被服ストックがゆっくりと増加していたことを意味している．反対に，ストックからの消費を単純に減価償却とみなすならば，すなわち仮に茨城県の事例でストックの使用である「生活消費」がフローの「生産消費高」プラス移入の額を上回った場合，ストックが減少すると考えられる．実際，第5章の山梨県の事例では，そのような関係になっている（この点については，第5章5.5でもう一度取り上げる）．そうなると，経済発展に伴って人々の生活が豊かになっても，ストックが減少するという現象が起こるかもしれない．だが，本章で取り上げた被服消費に限定すれば，在来産業の発展にともない，人々が被服の購入を増やすことができることは，谷本（1998）など織物業の研究からも予想されことである．よって，この時期に被服ストックが減少することは，リアリティに欠けるであろう．

4.5　本章のまとめ

　「町村是」の被服消費概念は貨幣支出によって捉えられる消費だけではなかった．ストックの使用としての消費もそこには記載されていたのである．このことは，当時の人々にとって被服は，そう頻繁に購入できるものではなかったことを示す[42]．また，そのことは現在の消費概念をそのまま過去の資料に適用して分析を行なうことに注意が必要であることを示唆する[43]．

　経済史における従来の消費研究では，ストックの使用を問題としながら，資料上の

---

[42] これは，現在の途上国における家計調査でも，ストックが重要である場合，支出との違いを明確にすべきであることが述べられている．詳しくは，Deaton and Grosh(2000),"Consumption", p.102を参照．

[43] 以下の先行研究は，各「町村是」に記載された被服消費統計をフロー（購入・自家生産）とみなして使用していると思われる．だが，この点については，再考の余地がある．神立春樹の「町村是」を用いた研究は，すべて『岡山大学経済学会雑誌』に掲載され，後に，神立(1999),第5章，pp.159-182，第6章，pp.183-210，第7章，pp.211-242，としてまとめられた．また，荻山・山口(2000), pp.191-198も参照．

問題により，フローによる議論が中心に行われて来た．だが，今回の分析により，消費水準にはフローからの測定に加えて，ストックからの消費水準も測定可能であるという，消費水準の二側面を明らかに出来たと考える．消費水準は，フローだけでは捉え切れない，ストックの存在が重要であることを意味する．ストック(「手持品」)の存在が「消費者の生活に果す役割が大きい」ことは，はじめに述べた通りである．加えて，不作や他の原因による緊急時にはその存在がいっそう大きくなる．つまり，人々はストックを取り崩すことによって，生活を維持できるからである．フローの多寡だけではなく，ストックの多寡も生活水準の重要な指標なのである．

第二に，明治後期の被服消費構造において，購入による新たな財の導入と自家での伝統的な財の自家調達が併存していた．被服の消費構造は，伝統的な財の自家調達が重要であり，明治後期においてもその割合は無視しえないものであった[44]．

第三に，第二とも関連するが在来産業史研究は，織物生産の発展を市場の拡大から説明してきた．今回の分析から，所得増加に伴い農村の人々の需要が洋服など新たな財へ向かうよりも，反物など伝統的な財のストックを増やす方向へ向かっていたことが，織物業の市場拡大の背景に存在していたことを示唆する．

本章では，「消費」概念の検討から被服消費の推計を行なった．推計の結果，従来の経済史および経済学における，生活水準研究，消費水準研究にもある程度の貢献をしたと考える．また，ここで分析したストックからの消費は，経済発展による生活水準の向上によって被服の財産性が低下するに伴い，消費水準の指標として重視されなくなったとおもわれる．つまり，社会生活が変化したことにより，被服消費の意味は変化したのである．しかし，ストックからの消費水準の指標が必要でなくなったわけではない．現代の途上国では消費水準の指標としてストックからの消費は重要なのである．より正確に言えば，世銀調査においても途上国の消費水準はフローだけでは測定できないため，ストックの使用も消費水準に含むことが必要になったのである．これは，猪木(1987)が述べた「人間の社会生活における消費自体の意味や機能も，時代や国によって多少の変化と変遷を見てきた[45]」ということである．このことは，「消費」

---

[44] 斎藤修は，この事例をドゥ・フリースの「勤勉革命」と関連させて論じている．詳しくは，斎藤(2008)，第4章，pp.145-147を参照．
[45] 猪木(1987)，p.127．

という概念がそれぞれの社会生活から決められることを示すのではないだろうか．

　以上，本章では町村是の資料論的考察をふまえた消費概念の検討から，被服消費におけるフローとストックとの関係について論じ，ストックからの消費概念の析出とその消費水準について明らかにした．このフローとストックの消費概念による衣食住の消費構造の分析が第1部の目的のひとつである．そこで次章では，山梨県の町村是を利用して，フローとストックの双方による衣食住の消費水準およびその構造の分析を行う．

第5章　大正初期の山梨農村における衣食住の消費水準と構造[*]

5.1　はじめに

　本章で扱う山梨県西山梨郡清田村と国里村は，甲府盆地の中央，石和と甲府に接した農村である．1913（大正2）年の村是によると戸数211と111の村であった．その村是には村内の飲食店と販売業従事者についての記述があり，明治末から大正初めにかけての農村消費生活の一端が窺える．国里村の項では，

> 「甲府に接近せる本村には，雑貨販売業の如きも殆んど成立せず，僅に酒類，醤油，石油，雑菓子類其他日用品雑貨を小売するに過ぎず，随て斯業に従事せる2戸も，農業の副業として営める有様なり，豆腐，酒，油の如き甲府より毎日小売商の来るあり，又自ら甲府市及里垣村大字板垣に行きて購入するを常とす」

と書かれ，清田村の場合には，八代往還に沿って飲食店が2軒，酒，菓子，煙草，塩，日用雑貨品，肥料，桑苗木，農産種子を商う商店が8軒，古着，菓子，乾魚類を売り歩く行商人が3人いると記されている．販売業以外では職人が製作し，修繕するサービスも消費の1部をなすが，職人は清田村13人，国里村4人であった．大工8人，左官1人，屋根葺3人，瓦職3人，籠職1人，土器職1人という構成である[1]．
　この2年前，山梨県中巨摩郡豊村においても類似の調査が行われた．平坦ではあるが高敞な地に位置し，戸田街道と駿信往還とが交差する交通の要所にあった農村である．その村是調査書によると，700戸のうち193戸が商業を，103戸が工業を営んでいた．非常に商業化された農村経済である．しかし生産統計に登場する36戸の内訳をみると，糸繭および肥料を扱う商人の他は，種々の物品販売業，鰹節商，煙草小売業，小間物商，小綿・綿糸・反物商，古着商，煙草元売捌商，質商であり，工業では製糸業14戸，ブリキ細工2戸を除くと，他は煙草製造委託，酒造，染物，豆腐製造，豆乳製造，菓子

---

[*] 本章は，斎藤修氏との共著論文，斎藤修・尾関学(2004)「第1次世界大戦前の山梨県における消費の構造」有泉貞夫編(2004)『山梨近代史論集』岩田書院，pp.153-181を加筆・修正したものである．共著論文の利用を許可していただいた斎藤氏に感謝申し上げる．
[1] 中込編(1915)，pp.38-39，p.95，p.100．

- 89 -

製造，鍛冶，籠製造，建具製造，衣服仕立であって，その範囲は清田・国里村とそう大きくは異ならない[2].

　こういった記述が示しているのは，きわめて単調な消費生活である．日常的に——といってもそう頻繁ではなかったろう——購入する生活物資は，酒，醬油，鰹節，乾魚，菓子，油，塩，煙草などにかぎられ，それに豆腐やときおり買い求める小間物等の商品が加わる程度であった．飲食店はあるにはあったが,行商人などに「昼飯酒類を供給」する店であり，村人が外食するためではなかった．冠婚葬祭を除けば，自家で産したものを自家で調理して食し，たまに古着を購入，さらに頻度は少なくなったであろうが，家具の新調や修繕をすることもあるという消費生活である．交通の便がよいところでさえこうであったとすると，もう少し鄙びた村々での消費生活は一段と貧しいものであったにちがいない．その状況のもとで農業生産の上昇と稼得力の増加が生ずると，市場を通じて購入する商品，それも主として文明開化に由来するものがゆっくりと増えてゆくというのが，明治・大正期の消費動向にかんする一般的な理解であろう．国民総支出ベースで計測されたエンゲル係数（総個人消費支出にしめる食料費の割合）の値をみると，1880年前後で65％であった．収入の約3分の2が食べるために費やされた勘定である．そこから30年かけて1910年前後には60％へと低下し，代わって被服費がわずか3％の水準から6％へと増加した．こういったマクロ統計数値は，その一般的解釈を裏書する事実とみなされている[3].

　消費の近代にかんするこの解釈が全面的に間違っているということは難しいかもしれない．しかし，そこに現代の私たちの消費生活とその発想法が投影されてしまっていることを認識する必要はあろう．「消費」とは金銭をもって購入する経済行為であり，消費生活の豊さはその年々の購入額で測られるという発想法である．その消費概念には購入された財はその年のうちに使い切るというニュアンスがあるが，その思考枠組によってみると，収入の60％以上を食費にあてるというのはいかにもその日暮しという印象をうけるが，そう考えてよいのであろうか．平均的農民にも何がしかの蓄え(ストック)はなかったのであろうか．そもそも酒・醬油などはストックが利く品物ではないか．また，

---
[2] 山梨県中巨摩郡豊村役場(1914), p.86, pp.121-123.
[3] たとえば，中西(2000)，荻山・山口(2000)を参照．食料費と被服費にかんする統計値は，篠原(1967), p.7による．

第5章　大正初期の山梨農村における衣食住の消費水準と構造

被服に費やされた支出が数％というと着たきりすずめであったように思いがちであるが，彼らにも着物や帯のストックがあったのではないであろうか．新調された衣料の大部分はストックに回ることが前提されていたのではないであろうか．自家生産が大きな比重をしめていたのは事実としても，具体的に何を購入し，自らの労働で何を作りだしていたか．そして，伝統的な消費財と文明開化によってもたらされた財との割合はどうなっていたのだろうか．

　本章の目的は，このような観点から第一次世界大戦前の農家における消費生活のあり方を解明することである．依拠する資料は西山梨郡清田村・国里村の『村是』を主とし,それより2年前に調査された中巨摩郡豊村の『村是調査書』を補助的に利用する．これら『村是』には，上述のような記述以外にきわめて興味深い調査と計算の結果が載せられており，住宅や家具についての係数も得られるからである．以下，自家生産と購入，ストックとフローという二つの視点から，「衣」と「食」に「住」をも加えた消費生活全般の検討を行うことになろう．

5.2　村是の勘定体系

　第3章で見てきたように，郡是・町村是制定運動が，前田正名の提唱によって民間運動として始まり，やがて地方改良運動の時代となると府県のバックアップの下，様式が統一され各町村役場の主導で編成されるようになった．山梨県下の村是調査はいずれも後者の時期に属する．山梨の場合は県が町村是制定の指令を出したことはないようであるが[4]，実施された清田・国里組合村と豊村をみると，後者の場合は内務省から模範村の推奨を受けており，調査実施時の村長小笠原寛も「内務省や県庁の夙に認むる所」の「模範村長」であったことから，上からの働きかけに反応した例と推測される[5]．しかし清田・国里村の場合では，組合村長中込茂作が1903(明治36)年の第5回内国勧業博覧会出品の村是調査をみて強く印象づけられ，村長就任後に実施にいたった旨が『村是』の緒言に述べられているので，調査設計にはかなりの独自性がみられ

---

[4] 『山梨日々新聞』(1903)「郡是及町村是調査方針」明治36年6月6日-7日．この記事の冒頭に「此程主務省より本県に回附せる郡是及町村是は将来郡及ひ町村の発達上裨益する所甚だ多ければ左に掲ぐ」とあるので，とくに県からの指令・指導はなかったとみるべきであろう．
[5] 『山梨日々新聞』(1914)「新模範町村」大正3年9月16日．

- 91 -

た可能性がある．実際，その同じ緒言には，調査にあたり斎藤萬吉から助言と資料の提供を受けたことが付記されている．斎藤が農事試験場技師として後に農家経済調査となる農家調査を自ら行っており，町村是運動にはそれが画一的調査となることへの懸念を表明していたことを想起すれば，その可能性も否定できないであろう[6]．

村是データの検討に入る前に，村是ではどのような勘定体系にもとづいて調査がなされたのかを簡単にみておきたい．

村是調査は，行政村を一つの経済単位とみなして，その範囲で生産・収入・支出の収支の勘定を推計することを基本とする．前田正名が作成し，全国農事会の名で出した『町村是調査標準』の言葉を引用すれば，「其町村を一家と見做して収入と支出との経済状況を知らんと欲する」ものであった[7]．これは調査年次におけるフローの勘定にほかならない．『調査標準』では具体的に調査すべき項目を列挙しており，その「収入及支出」をみると，農産物の産出量から始まって副業収入，労賃収入，さらには小作料収入を把捉し，諸税を含む支出を明らかにするよう求めている．すなわち，一村を「一家と見做して」とはいっても，村内市場を通じた小作料や賃金のやりとりはきちっと計上し，肥料などの中間財投入を明示的に支出へ算入する一方，農家家計内における中間財の産出と投入は2重計算を避けようとしたと考えるべきであろう．清田・国里村と豊村の場合，支出の項目をみると冠婚葬祭費が生計費とは別に集計されていて，厳密な意味での食料費や被服費が計算できない，後に述べるストック勘定との関連等，現代の慣行からみれば不都合な点がなくはないが，基本的には村民総所得勘定を明らかにしようとしたとみてよい．村是報告書に記載された収支計算から総収入を引けば，清田村160,731円61銭7厘（1戸当り761円76銭），国里村71,906円70銭4厘（1戸当り647円81銭），豊村640,805円66銭8厘（1戸当り915円44銭）であった[8]．商業化の進んだ豊村は格段に富裕であったことがわかる．

第二は対外収支である．「収入及支出」の算出においても十分意識されていたように，

---

[6] 中込編(1915)の緒言には，さらに愛知県立農林学校長で「農村計画」を論じていた山崎延吉，愛媛県農会の岡田温，島根県農会の藤原勇造，内務省の井上友一からも助言や資料提供を受けたと記されている．斎藤萬吉のコメントは，斎藤(1912)，および本書第3章3.2.2を参照．
[7] 全国農事会編(1901), p.4頁．なお，佐々木(1970)，佐々木(1971)をも参照．
[8] 中込編(1915), p.58, p.114, 山梨県中巨摩郡豊村役場(1914), p.156.

第5章　大正初期の山梨農村における衣食住の消費水準と構造

　村内外の土地所有関係と地租・小作料の出入関係は旧幕時代からすでに村政担当者の大きな留意事項の一つであったが，それに加えて，村外へ売却した産物の総額と，村外から購入した総額の把握，すなわち「町村内外輸出入総額」も独立した調査項目であった．その差引収支が村の将来の発展方向を見極めるうえで重要だったからにほかならないが，同時に，これは別個の勘定体系をなしていたと考えることができる．実際，すべての調査村で作成されたわけではなかったが，詳細な品目ごとの「輸出入」統計が得られる村是調査報告書も存する．山梨県でいえば，清田・国里村の村是がそれにあたる．

　第三に，財産調査もなされるのが普通である．『調査標準』には「町村共有財産，貯蓄金額」の項目があり，第一，第二と異なってこちらはストックの調査である．しかも少なからぬ調査において，団体有財産のみならず個人有財産，後者では土地・建物から生活資材までが調べられている．部分的には，特定資材の減耗および新規形成が調べあげられていることもある．ここまで調査されていれば，これは第三の勘定体系となる．しかしそこまではなくとも，フローの額とストックの残高双方がわかるかたちとなっている村是調査は少なくない．本稿で利用する村是のうち，清田・国里村はまさにこのタイプの調査なのである．

　問題は両者の関連である．現代の統計では両者は截然と区別されている．しかし，第4章において茨城県の町村是を用いて明らかにしたように，支出項目のうち被服の「消費」はストックからの利用が金額換算されて計上されていた[9]．これは本章で述べることであるが，食料費の一部にも類似の計上がなされていた可能性がある．ストックからの利用とは，自家生産とも購入とも異なった別個の概念である．このことを図5.1の概念図によって説明しよう．

---

[9] 本書の第4章も参照．

図5.1　消費の概念図

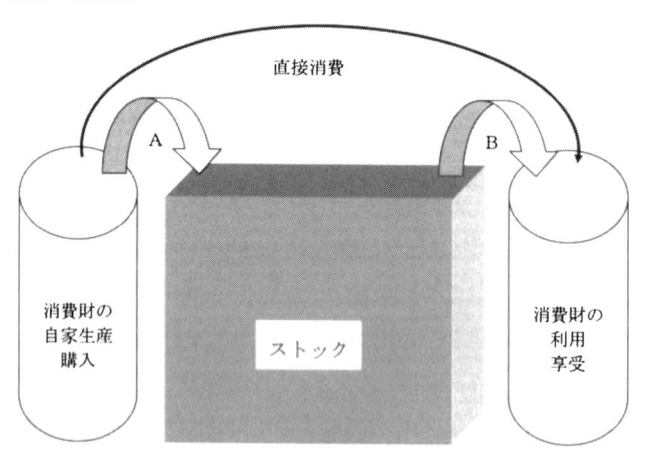

　左の円筒は自家生産または購入による消費財フローの大きさを，右の円筒が財の使用によって生ずる効用の大きさを表す．両者のあいだにある箱がストックである．自家生産されたにせよ購入されたにせよ，新たに獲得された消費財には耐用期間が短く，直接消費される財も含まれている（上の実線矢印）．しかし，かなりの財はいったんストックされ，そこから必要に応じて利用されるとみてよい．円筒から箱へ（A），箱から円筒へ（B）というカーブ矢印がその動きを表している．町村是調査では一般に，フローの消費（自家生産と購入）とストックからの利用とを区別していた．前者は第一の生産・収入・支出勘定から出てくるが，後者は財産調査をしなければ得られない．もっとも，ストック額がわかっても，そこからどのようにして年間の利用額を算出したかはわかっていない．いちいち数え上げさせたところもあったであろうが，ストックを利用するコストが減価償却費になるという関係を利用して平均耐用年数から逆算した場合もあったであろう．はっきりしているのは，当時の人びとにとって「消費」とは，フローの購入・自家生産に加え，「年中ニ新調シタル額ニアラスシテ消費シタル額」，すなわちストックからの消費サービスを含めたものであったということである[10]．

　このように，当時の人びとが市場からの購入と自家生産とならんで，ストックから

---

[10] 尾関(2003)，pp.97-100.

の利用分をも消費概念に含めて考えていたということは重要な事実である．それは，消費生活において蓄えをもっているということが大きな意味を有していたということである．それゆえ本章では，フローの額だけではなく，フロー額にしめる購入の割合，ストック残高，フローのストックにたいする割合，フローのうち市場を通さない自家生産のストック維持にたいする意義をも究明することにしたい．

5.3 自家生産と購入

　最初に，衣食住支出額とそこにしめる購入の割合をみる．ただ，その総額と費目別の内訳は清田・国里村および豊村双方の村是調査にある生計費項目から容易にわかるが，購入と自家生産の区分は移出入（「輸出入」）統計が不備な豊村の場合には算定できない．したがって，本節での検討は清田・国里村を中心とし，豊村については参考にとどめる．

5.3.1 衣

　表5.1に，生計費のうち被服費として記載された事項を原資料のまま書上げる．ただし，移出入のわかる清田・国里村の場合は，村外から購入したものとそうでないもの（すなわち自家生産分）とを区別している．

表5.1　品目別被服費：清田・国里村, 豊村

(円)

品目	清田村	国里村	豊村
袷	1396.500	759.000	2400.000
羽織	1521.000	809.400	3620.000
帷子	238.500	121.500	—
綿入	750.000	395.000	5240.000
単衣	1645.800	875.900	3020.000
浴衣	342.000	213.000	—
袢天	322.500	169.500	—
下着	291.500	143.000	—
袴	45.500	27.300	—
筒袖	240.000	129.000	—
袖無	34.000	19.000	—
男帯	73.500	38.500	700.000
女帯	1249.000	480.850	4480.000
洋服	48.000	32.000	—
胴服	—	—	1120.000
外套類	—	—	2520.000
トンビ	46.000	11.500	—
コート	48.000	24.000	—
マント	32.000	16.000	—
インバチース	78.000	39.000	—
帽子	*140.600*	*64.800*	—
肩掛	18.000	11.900	—
襟巻	44.100	23.800	688.000
兵児帯	523.250	238.500	—
夜着	312.000	164.000	—
蒲団	646.000	342.000	—
毛布(ケット)	42.000	13.000	—
座蒲団	228.000	119.340	—
枕	75.500	49.000	—
羽織紐	132.600	69.700	—
鞄	12.000	6.000	—
鏡	6.450	2.730	—
眼鏡	3.220	1.650	—
脚絆	57.200	24.400	476.000
股引	346.500	168.850	963.000
シャツ	546.000	270.200	1212.000
足袋	*276.990*	*144.060*	*1152.000*
手袋	14.490	7.360	298.000
手拭	93.660	49.380	—
手巾	11.060	5.810	—
履物	—	—	2000.000
靴	76.000	36.000	220.000
下駄	*738.750*	*385.250*	—
麻裏草履	55.600	30.000	—
革裏草履	19.950	11.400	—
襦袢	541.500	307.440	1168.000
前垂	100.250	54.250	596.000
襷	61.000	32.400	—
褌	93.300	49.350	376.980
腰巻	212.450	113.050	920.000
傘	—	—	1452.000
洋傘	*109.200*	*54.050*	—
雨傘	*264.150*	*138.150*	—
菅笠	100.130	52.630	351.000
蓙	95.000	49.800	165.000
麦稈帽子	126.600	70.470	—
草鞋草履	—	—	1026.000
草履	53.640	12.000	—
草鞋	127.150	70.125	—
風呂敷	92.120	48.160	—
婦人頭飾其他	98.400	51.725	400.000
蓑簑	35.100	11.250	—
其他	—	—	2520.000
合計価額	14931.710	7648.430	39083.980
一戸当り	70.766	68.905	55.834

資料：『清田・国里村是』, pp.47-48, pp.103-104、『豊村是調査書』, pp.128-130.

第5章　大正初期の山梨農村における衣食住の消費水準と構造

　この被服費はストックからの利用分が個々の品目ごとに金額換算されたものの書上げと考えられる．ただ，前節で述べたように，ストックからの利用額をどのようにして求めたのかは不明である．清田・国里村の場合にはその調査も行った可能性があるが，豊村では想定された平均耐用年数から割算によって計算しただけかもしれない（その平均年数の想定が妥当であったかどうかについては，後に触れる）．いずれにせよ，書上げられた数値である，清田村14,931円71銭，国里村7,648円43銭，豊村39,083円98銭は，蔵や押入にあるものを季節に応じて出して使った分を合計した総価値である．より詳細な分類が可能な清田・国里村についてみると，洋服・トンビ・コート・マント・インバ子ース・帽子・襟巻・毛布・鞄・眼鏡・シャツ・手巾・靴・洋傘という，洋風と呼んでよいであろう品目の合計は清田村1,241円18銭，国里村597円81銭となる．単純に計算すれば，総額にたいし8.3％と7.8％である．もっとも表5.1には，袴と靴のうち生徒用は含まれていない．「教育費に入るゝが故」である．残念ながら教育費の欄をみても品目別はないので，それらを加えての再計算はできないし，以下に述べるように表5.1にはフローが紛れこんでいる可能性があるので，現実のパーセンテージは少し変わるかもしれないが，それでも洋風割合が10％をこえることはなかったであろう．すなわち，当時の農村の人びとが日々に使う被服類は圧倒的に伝統的だったのである．

　次に，やはり清田・国里村にかんして自家生産と購入の割合をみたい．その手がかりの一つが，生計費とは別項目の「物資輸出入表」である．そこから被服について得られる情報は，「帽子，傘，洋傘，下駄，足袋，其他被服類」という一つに合算された製品についてと，麻，綿，甲斐絹，各種織物，紡績糸という原材料にかんしてとが得られる（表5.2パネルA）．まず前者からみてゆこう．その帽子，傘，洋傘，下駄，足袋などは「輸入」品，すなわち村外から購入されたフローと看なすべきものである．表5.1はストックからの使用なので，当該年中に市場を通じて購入された被服製品はその合計額（清田村5,020円88銭，国里村2,253円64銭5厘）だけである．「其他被服類」の内容がわからないので正確なことはわからないが，帽子と洋傘だけの合計額では購入総額の5％程度でしかない．購入品の中心は履きつぶされる頻度の高い下駄と足袋である．

表5.2 「輸入」被服と染織裁縫費：清田・国里村

(円)

		清田村	国里村
A	被服「輸入」額		
	帽子、傘、洋傘、下駄、足 其他被服類	5020.880	2253.645
	麻	43.685	13.490
	綿	190.080	131.868
	甲斐絹	45.000	27.000
	各種織物	287.500	157.500
	紡績糸	577.000	187.800
	麻から紡績糸の計	1143.265	517.658
	合計価額	6164.145	2771.303
	一戸当り	29.214	24.967
B	染織裁縫費		
	瓦斯糸	106.000	58.300
	紡績糸	248.500	119.500
	金巾	104.250	54.000
	天竺木綿	81.600	46.750
	綿及眞綿	249.480	131.868
	染賃及染料代	294.294	155.250
	縫糸	52.750	25.750
	針	10.500	5.150
	合計価額	1147.374	606.568
	一戸当り	5.438	5.465

資料：『清田・国里村是』,p.49, pp.58-60, p.105, pp.114-116.

　表5.2パネルAの他の項目に目を転じよう．麻，綿，甲斐絹，各種織物，紡績糸というのは明らかに原料ないしは材料であって，製品ではない．清田・国里村の村是には「染織裁縫費」と記されたもうひとつの被服費勘定があり，糸・布・染料・染賃からなっている（表2パネルB）．染賃を除けば自家生産用と考えられる．興味深いことに，この額（清田村1,147円37銭4厘，国里村606円56銭8厘）と「輸入」原材料の総額（清田村1,143円26銭5厘，国里村517円65銭8厘）とがほぼ一致するのである．パネルBの眞綿は自家生産物で，縫針はもっているものを使用したのであろうし，他方，「輸入」された紡績糸のすべてが当該年中に消費されなかったかもしれない．若干の差異がでるのは不思議でないとすれば，表5.2のパネルBには，パネルAに掲げられた原材料を村外市場より買入れ，機織と染色，仕立を自家で行った際の生産費が書上げられているとみることができる．それゆえ，これは自家生産のフローを示す表であり，その

− 98 −

第5章 大正初期の山梨農村における衣食住の消費水準と構造

ほぼ全額が伝統的衣料に仕立てられたと思われる．

表5.2の「帽子，傘，洋傘，下駄，足袋，其他被服類」（パネルAの1行目）とパネルBの合計額が年間の被服消費である．清田村6,168円25銭4厘（1戸当り29円23銭），国里村2,860円21銭3厘（1戸当り25円77銭）となる．

しかし，この消費額を村民が1年間に使用・着用した被服のすべてと考えることはできない．ストックしている衣料品のなかから使ったもの，表5.1の被服費があるからである．この表5.1には表5.2パネルAの1行目に含まれている製品が重複して掲げられていると思われる．表5.1でイタリックとなっている品目は明白にそうとわかるもので，「其他被服類」もあることを考慮すれば，ほとんどが重複しているに違いない．その重複分を差引いてストックからの利用額を計算すると，清田村9,910円83銭（1戸当り47円），国里村5,394円78銭5厘（1戸当り48円60銭）となる．可能性は低いが，もし重複はなかったとすると表1の値に等しい．それゆえフローの被服消費額とストックからの利用額の合計は，重複があった場合，清田村は，6,168円25銭4厘プラス9,910円83銭の16,079円8銭4厘（1戸当り76円20銭），国里村，2,860円21銭3厘プラス5,394円78銭5厘の8,254円99銭8厘（1戸当り74円37銭）である．重複はなかったとすると，これらの数字に表2パネルAの1行目を足した，清田村21,099円96銭4厘（1戸当り100円），国里村10,508円64銭3厘（1戸当り94円67銭）となる．

年間フローにしめる購入の割合を求めると，清田村81.4％，国里村78.8％となる．もっとも，この「フロー」のなかには自家生産のための原材料（布地・糸類）が含まれていたことに注意すべきであろう．製品ベースで考えれば，購入割合はみかけよりも低かったのである．ストックされている被服類が以前に自家生産されたものか購入されたものかを知る手だてはないが，フローにおける購入の割合は昔に遡れば遡るほど低かったと考えてよいであろう．いずれにせよ，被服の場合は自家生産されたものが大きな比重をもっていたであろうストックからの使用が無視できないウェイトをもっていたのである．

5.3.2 食

生計費の主要項目は食料費である．ここでは，現在と違って製品が登場すること少なく，穀物，蔬菜，調味料といった食材が圧倒的である．加工食品の典型は缶詰・瓶

詰であるが，その比重は食料費総額の1％未満にすぎない．また，新しい食生活を代表する肉類の消費量は魚と鶏肉のそれより格段に少なく，その魚鳥肉類への支出額も豆類消費額に及ばない．もっとも，この「魚」は鮮魚だけで，干物や塩魚は「乾物」に入っていた[11]．したがって，それらも含めれば，魚類の消費は豆類を上回っていたであろうが，それでも動物性たんぱく質の消費量は多いとはとてもいえなかった．穀類，豆類，蔬菜類だけで食料費総額の7割をしめていた．なかでも米の比重は圧倒的で，粳米と糯米だけで全体の約5割であった．

この時代の農村において，穀物と豆と蔬菜は自家生産・自家消費が基本であったが，それらの多くは同時に市場向の作物であった．そこで表5.3では，村是の食料費を品目ごとに，生産プラス「輸入」マイナス「輸出」として求められた，計算上の自家消費額と比べることにする．両者が一致することが多いと思われるが，推計消費額が村是に記載された額を上回るときは「生計」目的以外に使われたものがある場合，逆に村是食料費項目の額が推計値を上回るときはストックからの利用があった場合と解釈できる[12]．

---

[11] 『清田村・国里村々是』の国里村の項に，「乾物」は「乾魚，塩蔵魚等をも含む」と明記されている(中込編(1915), p.105)．ただし，清田村の表では注記はない．
[12] なお，粳米，糯米，搗麦，玉蜀黍粉，豆類にかんしては，種子用をも考慮して，計算上の自家消費額が食料費項目の額よりも多いときは生産から差引き，逆に少ないときは加算した．

第5章　大正初期の山梨農村における衣食住の消費水準と構造

表5.3 品目別食料費：清田・国里村(1)

分類	品目名	清田村 村是記載額(円)	推計消費額(円)	推計額の記載額に対する比	推計消費額中の「輸入」割合(%)	国里村 村是記載額(円)	推計消費額(円)	推計額の記載額に対する比	推計消費額中の「輸入」割合(%)
穀類	粳米	19901.753	34155.790	1.72	5	8873.552	23293.085	2.63	4
	糯米	3404.000	3813.550	1.12	0	1815.000	1848.880	1.02	0
	搗麦	3682.556	3947.766	1.07	4	1724.844	1941.018	1.13	9
	小麦粉	2418.680	2284.658	0.94	39	1084.600	1091.412	1.01	35
	蕎麦粉	174.175	159.073	0.91	19	43.625	43.531	1.00	22
	玉蜀黍粉	51.250	33.550	0.65	68	85.425	92.795	1.09	42
	蜀黍	5.040	5.040	1.00	0	12.360	12.360	1.00	0
	粟	2.205	2.205	1.00	0	2.100	2.100	1.00	0
	糠	31.650	131.160	4.14	100	16.650	67.200	4.04	100
豆類		1474.440	1350.573	0.92	6	662.568	779.806	1.18	16
蔬菜類		2630.055	2660.055	1.01	1	1296.000	1312.650	1.01	1
果実類		363.200	264.546	0.73	62	187.700	1355.579	7.22	5
動物	乾物	1333.550	1333.550	1.00	100	593.600	593.600	1.00	100
	魚鳥類	1279.900	1279.900	1.00	100	533.200	533.200	1.00	100
	獣肉類	206.300	206.300	1.00	100	143.500	143.500	1.00	100
	卵類	508.850	508.850	1.00	0	127.875	127.875	1.00	0
調味料	醤油	1300.800	611.400	0.47	100	845.000	549.300	0.65	100
	味噌	1494.900	534.702	0.36	100	568.500	3.000	0.01	100
	食塩	601.700	601.700	1.00	100	299.500	299.500	1.00	100
	砂糖	534.702	534.702	1.00	100	233.240	233.240	1.00	100
	酢	84.200	84.200	1.00	100	53.440	53.440	1.00	100
	麹	110.125	110.125	1.00	100	47.375	47.375	1.00	100
	食用油類	37.140	37.140	1.00	100	13.560	13.560	1.00	100
加工品	麺類	136.600	136.600	1.00	100	58.250	58.250	1.00	100
	菓子	763.940	763.940	1.00	100	256.600	256.600	1.00	100
	豆腐・油揚・蒟	368.885	368.885	1.00	100	209.650	209.650	1.00	100
	缶詰・瓶詰類	212.400	212.140	1.00	100	111.640	111.640	1.00	100
嗜好品	酒類	3874.000	5236.500	1.35	100	1398.000	2030.500	1.45	100
	茶	454.380	454.380	1.00	100	224.000	224.000	1.00	100
	煙草	1316.700	1316.700	1.00	100	607.100	607.100	1.00	100
合計		48758.076	64422.430	1.32	26.9	22128.454	38450.892	1.74	20.5
一戸当り		231.081	305.320			199.355	346.404		

資料：『清田・国里村是』，pp.40-43, pp.49-50, pp.58-60, pp.96-99, pp.105-106, pp.114-116.

　そこで表5.3をみよう．全体としてみると推計消費額のほうが村是記載額よりも大である．とくに穀類で顕著である．したがって，穀類，豆類，蔬菜類の推計消費額にしめる割合は8割（清田村77.3％，国里村80.6％）に，米類の割合は6割強（清田村60.4％，国里村66.4％）に上昇する．その理由の一端は「生計」目的以外の消費，具体的には冠婚葬祭時の消費が含まれていないためであろう．冠婚葬祭項目をみても材料別の内訳はないので計算はできないが，酒類にかんしてはその旨の注記がある．おそらく米類についても同様であったろう（さらに想像をたくましくすれば，当時は禁止されていた自家用濁酒造りに回された分もあったかもしれない）．このような目で推計額の記載額にたいする比の欄をみると，粳米，糯米，酒類で比が1を超えていることが判明する．搗麦，蔬菜も超えているがわずかであり，糠が大きく上回っているのは肥料になった分があったのかもしれない（その他，国里村の豆と果実もそうであ

— 101 —

るが，清田村ではこれらの品目は1未満となっている）[13]．

　これにたいして，比が1を明瞭に下回るのは醤油と味噌である．もっとも国里村の味噌は異常に低いが，ストックからの消費を計算すると，二品目合計で清田村1,649円49銭8厘，国里村861円20銭となる．両村とも一戸当り7円80銭なので，誤記ではないのかもしれない．いずれにせよ，ともに蓄えができる食品であり，したがって常時ストックがあり，そこから消費する分が少なからぬ割合をしめていたと考えることができる．

　次に村外からの購入割合に目を転じよう．一見して，両村における，卵を除くすべての動物性たんぱく源，調味料，加工食品，嗜好品の推計消費額（フロー）にしめる「輸入」割合が100％であることがわかる．これにたいして，完全に自家生産・自家消費という食材は少なく，糯米，蜀黍，卵だけである．その他は蔬菜類の1％から玉蜀黍粉の68％まで，種類と品質に応じてある程度の購入が必要であったことがわかる．ただ，食料品全体としては清田村26.9％，国里村20.5％で，消費が穀物，豆，蔬菜類に偏っていたことを反映して市場依存度は高くなかった．

5.3.3　住

　最後に，住宅と家具と雑用具への支出をみるため，表5.4に新築・新調費および修繕費を示す．これらはいずれもフローである．

---

[13] ただし，肥料分をすべて差引くと値が大きくマイナスとなってしまうので，表では「輸入」のみを考慮にいれた計算の結果を示した．

第5章　大正初期の山梨農村における衣食住の消費水準と構造

表5.4　住宅と家具支出：清田・国里村

(円)

	清田村	国里村
住宅		
新築	1472.500	1511.900
内訳　居宅	844.000	1114.400
土蔵	555.000	375.000
納舎	30.000	—
その他	43.500	22.500
修繕	825.330	436.230
計	2297.830	1948.130
一戸当り	10.890	17.551
家具		
新調	737.234	392.565
修繕	246.026	130.855
計	983.260	523.420
一戸当り	4.660	4.715
雑用具		
新調	592.205	261.705
修繕	204.065	87.235
計	796.270	348.940
一戸当り	3.774	3.144
総計	4077.360	2820.490
一戸当り	19.324	25.410

資料：『清田・国里村是』, p.50, p.106.

　清田・国里村では，住宅，家具・雑用具とも新築・新調への支出のほうが修繕費よりも多かった．住宅の修繕とは具体的に「屋根葺替，壁塗替，戸障子手入，畳替其他」であり，家具の新調とは「炊事用具，膳腕類，時計，金庫，火鉢，提灯，等の類」の購入である．一方，雑用具というのは「農具以外」のさまざまな用具という意味である．具体的に何であったのかは判然としないが，束子のように耐用性のない用具が主であった可能性がある．注目すべきことに，両村とも，住宅の修繕と家具の新調および修繕は村内すべての世帯で実施されていた．裕福な世帯以外でも住宅はまめに修繕がなされていたのである．ただ，支出額は多くなかった．新築・新調と修繕を合わせ，住宅と家具を合計しても，一戸当り19円から25円である．清田・国里村についてであるが，被服への年間支出額も低水準であったが，それをやや下回っていたのである．

これら支出はほとんど職人への支払であったと思われる．この想定が正しいかどうか，村是にある職人の所得データによって検討してみてみよう[14]．まず住宅からみる．清田・国里村には専業・兼業合わせて大工8人，左官1人，屋根葺3人がいた．兼業大工1人を除いてすべて清田村在住であった．清田村も国里村も建築修繕工事はすべて彼らが請負ったと仮定して，これら職人が受取った総額と住宅費とを比較する．村是によれば，彼らの「賃金」収入は合計953円であった．これは材料代等の諸経費を含まないので，仮に賃金部分を受取総額の2割とすると[15]，その受取総額（注文主からみれば支払総額）は4,765円と計算できる．両村における現実の住宅関連支出の合計は4,245円96銭であったので（2,297円83銭＋1,948円13銭，表5.4），両村における建築および住宅修繕はすべて建築職人に依頼していたとみてよい（実際の賃金収入率は，953円を4,245円96銭で除した22％であったことになる）．

　次に家具と雑用具である．移入統計にはこれらの項目が登場するのでそれをみると，国里村の場合は表5.4の新調分と完全に一致する（392円56銭5厘＋261円70銭5厘＝654円27銭）．これにたいして清田村の移入額は1,014円70銭5厘と，家具で214円73銭4厘，雑用具で100円の誤差が生ずる．実際，清田村には建築関連以外に籠職1人と土器職1人がいて，計80円の「賃金」収入を得ていた．そこで彼らにも建築職人の賃金収入率22％を適用すると363円64銭，誤差の合計314円73銭4厘に近似した値となる（若干多いが，多少の修繕賃が含まれていたからかもしれない）．すなわち，彼らへの推計支払額363円64銭と「輸入」額1,668円97銭5厘の合計が市場を通した家具・用具類購入額であり，住宅関連支出も含めれば6,278円57銭となる．表5.4における両村の総計を足し合わせた6,897円85銭にたいして91％の比率である．

　ただし，これは推計された材料費がすべて市場を通して調達されたと仮定しての計算である．実際は，両村の移出入統計から建築材料とみなせる項目（石材，木材，竹材，瓦，煉瓦類，鉄線及銅線，釘）の合計をとっても，1,334円23銭にしかならない[16]．職人

---

[14] 中込編(1915)，p.44，p.100．
[15] これは清田村の雑収入項目にある土木工事請負の場合である．請負業者2戸の収入金500円，仕入金等の控除額400円，利益100円とあるので，利益ないしは賃金は受取総額の2割に相当した（中込編(1915)，p.45）．
[16] 中込編(1915)，pp.59-60，p.100，p.116．国里村の瓦は生産プラス「輸入」マイナス「輸出」である．

第5章　大正初期の山梨農村における衣食住の消費水準と構造

への支払総額4,609円60銭(4,245円96銭＋363円64銭)から賃金部分1,033円(953円＋80円)を差引いた，住宅・家具・雑用具合計の推計材料費3,576円60銭の半分以下である．仮に差額の2,242円37銭がすべて入会地等からの自己調達であったとすれば(平坦部に位置して林地の少ない両村ではあまり現実的な仮定ではないが)，それを6,278円57銭から差引いた4,036円20銭が市場を通じた住への支出総額となる．すなわち，住宅に家具・用具を含めた市場依存度(6,897円85銭にたいする割合)は59％となる．もっとも自己調達の建築材料にかんする計算は過大である可能性があるので，現実の市場依存度は59％と91％のあいだ，もう少し現実的には80％前後の水準だったのではないであろうか．

衣食住のなかで支出額のウェイトははけっして多くなかったが，第一次世界大戦前であっても，住宅・家具類は基本的に自家生産をすることのない消費項目だったのである．

5.4　ストックとフロー

前節では，フローの数値によって自家生産と購入という観点から衣食住を考察した．本論文の目的の一つはストックの視点からも消費生活の検討を行なうことである．本節では，村是のストック調査がどのようになされたのかを一瞥し，次いでストックとフローとの割合を示すことにする．ただし，清田・国里村，豊村ともに食料にかんしてはストック調査が行なわれなかったため，ここでは被服と住宅・家具が対象となる．財産調査は村是調査の柱のひとつである．前掲の『町村是調査標準』と並んで影響力の大きかった町村是調査マニュアルとして，愛媛県余土郡温泉村長森恒太郎が著した『町村是調査指針』がある．その第2章「調査の準備」では，村是調査において「小票」(戸別に記入してもらう調査票)を用いることを勧めており，その例をいくつか示している．その一つが財産調査であって，調査対象として，田，畑，宅地，家屋，有価証券，預金及貸金，家具，被服などがあげられている[17]．つまり町村是の財産調査は，第1項で述べたように，団体有財産のみならず個人有財産も，土地，家屋はもちろん，被服や家具などの生活資材までをも対象とすることが求められていた．実際に調査を設計

---

[17] 森(1909)，p.31.

する村の側からいっても，個人有財産の調査は戸数割の賦課基準と密接に関わりをもつものであったため，生産や消費の調査に先立って，戸別調査票を用いた詳細で正確な調査が行なわれたと思われる．実際，『清田・国里村々是』と『豊村是調査書』においてもストック調査の結果が，村勢概要に次いで載せられていた．

表5.5 被服ストック：清田・国里村,豊村

(円)

	清田村	国里村	豊村
被服			
合計価額	35190.72	17606.1	132345
一戸当り	166.781	158.614	189.064

資料：『清田・国里村是』,p.16, p.74,『豊村是調査書』,p.103.

　表5.5に清田・国里村と豊村の被服ストック額を示した．清田村35,190円72銭（1戸当り166円78銭1厘），国里村17,606円10銭（1戸当り158円6銭4厘），豊村132,345円（1戸当り189円6銭4厘）である．被服ストックの具体的な内容は，「ストックの利用」が示されている，表5.1に記載されたものと同じである．

　村是に記載された住宅ストック額は，清田村58,046円23銭5厘（1戸当り275円10銭1厘），国里村が24,937円60銭（1戸当り224円66銭3厘）である．ただし，清田村では蚕室と工場が含まれているので，表5.6では両者を合計額から減じた24,114円10銭（1戸当り217円24銭4厘）が掲げられている．豊村は，344,550円（1戸当り492円21銭4厘）である．

第5章　大正初期の山梨農村における衣食住の消費水準と構造

表5.6 住宅・家具ストック：　清田・国里村，豊村

(円)

	清田村		国里村		豊村	
	棟数又は坪数	価額	棟数又は坪数	価額	棟数又は坪数	価額
住宅						
住宅	218	45349.3	104	18278.55	-	-
土蔵	80	7133	34	3048.75	-	-
納舎	98	3525.075	41	1551.1	-	-
其他	198	2038.86	187.25	1235.7	-	-
計		58046.235		24114.1	-	344550
一戸当り		275.101		217.244		492.214
	所有戸数	価額	所有戸数	価額	所有戸数	価額
家具						
計	211	21317.085	111	10365.235	700	147915
一戸当り		101.029		93.38		211.307
	所有戸数	価額	所有戸数	価額	所有戸数	価額
雑用具						
計	7	123.5	9	275	-	-
一戸当り		17.643		30.556	-	-
総計		79486.82		34754.335		492465
一戸当り		376.715		313.102		703.521

資料：『清田・国里村是』, p.16, p.74,『豊村是調査書』, p.102, p.104.

　住宅のストックとしては通常の居宅以外にさまざまな建物がある．清田村の「住宅」には「隠居」10棟が，「其他」には厩，薪炭室，家畜舎，便所，浴室が含まれる．国里村も「住宅」に「隠居」2棟を含み，「其他」は厩，堆積肥小舎，浴室，便所，などである．表5.6には住宅・土蔵・納舎それぞれの棟数も記されている．それを現住戸数100にたいする比で表すと，清田村は住宅(隠居を含む，国里村も同じ)103，土蔵38，納舎46，国里村は住宅94，土蔵31，納舎37である．住宅はほぼ1世帯1棟であったが，土蔵はおよそ3割強，納舎は4割ほどが所有していた．土蔵は豊さの象徴であったろうが，納舎は生業とその規模の反映であったにちがいない．両村とも，納舎所有者の割合のほうが土蔵所有者よりも多かったというのは興味深い．

　家具と雑用具のストック額は，清田村21,317円8銭5厘と123円50銭，国里村10,365円23銭5厘と275円，豊村147,915円である（豊村では家具と雑具が合算されている）．両費目を合算した額で1戸当りを計算すると，清田村118円67銭，国里村123円94銭，豊

- 107 -

211円31銭となる．国里村の器具費調査の記述をみると，家具の新調には「炊事用具，膳椀類，時計，金庫，火鉢，提灯，等の類」とあるので，束子類まで含んだ炊事用具など生活資材も詳細に調査されたことが窺われる．3村とも，すべての世帯で何らかの家具を所有していた．雑用具の内容は，すでに述べたようにはっきりしない．その所有戸数は清田村で7戸，国里村で9戸である．試みに両村の雑業戸数をみると，清田村9戸，国里村6戸なので，ここにあげられている雑具には，雑業の資本ストックが含まれているのかもしれない．

　最後に検討すべきはフローとストックの比率である．前節でフロー額をみた際，豊村調査にも該当する項目があったにもかかわらずそれらを利用しなかった．『豊村是調査書』の生計費には，当該年度に支出された額として（被服ストックからの利用額および食費の他に）衣と住の「修繕及償却費」が「価格」および「保存期限」とともに記載されている．「価格」とはストックの貨幣換算額で，それを保存期限で除した値が修繕及償却費である．これは，新築・新調が減価償却と観念されていたことを示唆している．これは，調査担当者が素朴ながらも減価償却概念を適用して考えていたように思える．ストックからの利用がある場合，それによる減耗分を補う新築・新調，修理・修繕があれば既存のストック量が維持できるからである．もっとも，豊村調査では，最初に修繕及償却費を調べて，これに保存期限を乗じてストック額を算出したのではなく，逆の手順で計算をしたことが明白である．しかも，そのストック額は先に述べたストック調査から得られた値と異なっていた．生計費項目の計算されたストック額のほうが実際に調査された値よりも少ない．それに加えて，衣の平均耐用年数20年，住30年という想定も問題である．とくに最初の仮定は直感的にも非現実的といえる．それゆえ，この調査書に掲載されている数字は机上の計算といわざるをえず，利用することはできないと結論したのであった．けれども，フローとストックの比率を減価償却に結びつけるという発想は，豊村の調査員のたんなる思いつきではない．清田・国里村や他の調査結果を解釈するうえでも重要な手がかりとなるはずである．この点については，次項で第4章の分析をふまえて，再度取り上げたい．

第5章 大正初期の山梨農村における衣食住の消費水準と構造

表5.7 衣・住フローのストックにたいする割合: 清田・国里村

(%)

	清田村	国里村
衣	17.5	16.2
住	5.1	8.1
うち住宅	4.0	7.8
家具	4.6	5.1
住宅・家具計	4.1	8.0

資料: 表5.5-5.6.

　表5.7は，衣と住についての比率を示す．衣は，表5.2パネルAの1行目とパネルBの合計を表5.5のストック額で，住は，表5.4を表5.6のストック額で除したものである．被服の場合，清田村17.5％，国里村16.2％である．住宅については清田村4.0％，国里村7.8％，家具は清田村4.6％，国里村5.1％である．雑用具にかんしては，ストック価値のある用具を所有している世帯数が少なく，したがってその額も非常に小さい．両村ともフローの額を大幅に下回っている．住宅と家具のみでフローとストックの比を計算すると，清田村4.1％，国里村8.0％，3項目を合算すると清田村5.1％，国里村8.1％となる．

　被服と家具については，フローとストックの割合が清田・国里両村で比較的近いレベルにある．一方，住宅は国里村の新調が清田村の倍であるが，修繕費はほぼ同じレベルである．住宅の新築は，単位当りの額が大きいため，調査された年により大きな変動が生じる．よって，清田村よりも新調費が大きくなったのであろう．

　仮に表5.7に示されたパーセンテージが減価償却の比率に等しかったとすれば，そのパーセンテージから平均耐用年数を計算することができる．すなわち，両村の加重平均値である衣の17.1％は，5.8年に1度，住の5.4％は18.5年に1度，新しいものに替えたということを意味する．『豊村調査書』で仮定された20年，30年よりは格段に短い年数である．しかし，誤差の範囲をある程度とれば，これが当時の実態であったといってよいのではないであろうか．

5.5 消費行動の様式

これまでに検討してきた第1次世界大戦前の農家の消費行動にかんする発見事実を，表5.8に要約する．

表5.8 消費パターンの要約: 清田・国里村, 豊村

	清田・国里村 (加重平均)	豊村
一戸当り年間消費額(フロー、円)		
衣	28.0	―
食	319.5	―
うち米類	196.0	―
住	21.4	―
年間消費額にしめる購入割合(%)		
衣	80.5	―
食	24.7	―
住	80前後	―
一戸当りストック(円)		
衣	164.0	189.1
食	―	―
住	378.2	703.5
うち住宅	257.7	492.2
家具・雑用具	120.5	211.3
一戸当りストックからの使用額(円)		
衣	50弱	55.8
食	7.8	―
住	―	―
年間消費額(フロー)のストックにたいする割合(%)		
衣	17.1	―
食	―	―
住	6.0	―
住(雑用具を除く)	5.4	―

資料: 本文参照.

ここから第一にわかる事実は，衣食住への支出のなかで食の比重は圧倒的であったということである．年間の支出額(フロー)でみるかぎり，衣と住を合わせてもなお2割を下回る比重でしかなかった．いうまでもなく，これはマクロのエンゲル係数にかんする議論を裏づける事実である．

第二に，食の内容にかんする解釈の問題がある．表5.8が示すように，食料費のうち米類の割合は6割と，非常に多かった．これは清田・国里村が甲府盆地の米作地帯にあったことと無関係ではない．しかし，その村是には「普通農業者の家庭にありては，

第5章　大正初期の山梨農村における衣食住の消費水準と構造

麦飯を主とし，日常米飯のみを用ゆるもの稀れなり」，「小農業者にありて，食料に欠乏するは5月頃より十月頃とし，其際は日雇稼をなし，其日給によりて米麦を買入れ，又は他の方法によりて生計を維持す．尤も6月下旬に至れば麦の収納あるを以て，其欠乏を補ふことを得るなり」と記されている[18]．もっとも，表5.3をみても搗麦の消費量は多くない．粳米とは1桁違う．甲府盆地の水田地帯に立地していた村だからであろうが，麦飯といっても，麦の割合の少ない米飯だったのであろう．いずれにせよ，「日常米飯のみ」は稀であったということは私たちの通念ともなっている．とすれば，このギャップはどう説明すべきであろうか．

すでに述べたように，村是にいう「生計費」に冠婚葬祭関連支出は含まれていなかった．右の引用も「日常」の食事内容にかんするものである．それにたいして表5.8の食料費は，生産に購入額を加え「輸出」を引いて推計されたものである．したがって，そこにハレの冠婚葬祭時の支出は含まれている．別ないい方をすれば，ケの食事は麦飯が普通であったが，ハレの場では米と餅が中心であったということである．事実，「祭典の際に用ゆる食物は餅，赤飯，蕎麦切り，饂飩，寿司などを手製し，3月節句には草餅，甘酒，5月節句には柏餅を造り，葬式には牡丹餅を製する習慣あり」とも書かれている[19]．蕎麦切りと饂飩を除けば，ここにあげられているのはすべて米を使った料理であった．

第三に，年間に自家生産，調達ないしは購入した額，すなわちフローだけをみたのでは当時の消費生活はわからないということも，表5.8が示していることである．田畑，農器具を除いても，少なからぬ量の生活用ストックをもっていた．もちろん，その大部分が住宅・家具類であるのは現代と変わらないし，また食の場合，その性質上ストックは重要でなかった．しかしそれでも，味噌と醤油はストックから使うのが普通であったようだ．衣については，ストックの比重がさらに高く，生活用の非食料ストックにしめる割合は2割から3割に達していた．フローの5倍に相当する衣類が絶えず押入や蔵にあり，その便益が無視しえぬ重みをもっていた．いうまでもなく，たんに備蓄があるというだけではストックを経済計算に入れる根拠とはならない．それが市場で売

---

[18] 中込編 (1915), pp.171-172.
[19] 中込編 (1915), p.126.

却ないしは換金できる可能性があるかどうかが重要な条件である．しかし，成松佐恵子がある庄屋日記から明らかにしたように，すでに文政期には衣服を質入することができたようであるし，古着の商いは広範になされていた[20]．明治に入ってからのこの地方でも，清田村には古着の行商人が，豊村には古着商と質商がいたことはすでにみたとおりである．明らかに被服ストックは，維持管理され，貨幣評価さるべき財産だったのである．

以上，第一次世界大戦前の村是調査を使って農村における農家の消費構造を再構成してきた．これは一時点の観察にすぎないが，発見事実からは歴史的変化にかんするいくつかの含意を得ることができる．

その第一は，一戸当りのストック額で衣服が家具雑用具を若干上回っていたが，この事実は，旧幕時代と比較して衣類ストックの重要性が増したことを物語るのではないかという点である．徳川時代の実態にかんしては小泉和子が各地の家財道具目録を整理した結果があるが，残念ながら点数しかわからない．それでも家具・道具・厨房具・供膳具の多さに比べると衣服と寝具の点数は少ない．徳川時代後半ともなれば農民の衣服は木綿と麻というわけではなかったし，また家財目録では一括して一点と数えたものが多かったであろうことを考慮にいれても，被服ストックの総価値が家具類のそれを上回っていたということは考えにくい状況であった．山梨の村是調査から得られたこの発見事実が当時の農家の一般的な消費パターンと極端にかけ離れたものでないとすれば，明治年間を通じて，農村消費生活における家具類と衣類の関係は逆転したといってよいのではないだろうか[21]．

その衣類ストック増加が和服の洋服への代替によるものでなかったことは明らかである．正確な比率を計算することはできなかったが，被服ストックからの使用にしめる洋風割合は1割に達しなかった．明治年間に増えたのは伝統的な衣服と寝具のストックだったのである．同様の指摘は家具類についてもできるであろう．

---

[20] 成松(2000)，pp.133-136．農村で古着の購入が広くみられたことについては，谷本(1998)，pp.23-35を参照．
[21] 小泉(1999)，pp.104-115．もっとも，徳川時代の財産調査で衣服が少ないのは，依拠した史料の多くが「払物帳」であることと関連しているかもしれない．破産の際の家財処分記録であるため，書上げられた家財は網羅的ではないからである．この点，近世史家の研究を待ちたい．

第5章　大正初期の山梨農村における衣食住の消費水準と構造

　これは，消費行動においてストックを補充するという動機が非常に強かったということを含意する．しかし，新調費が減価償却相当額を若干でも上回り，それがある程度の期間続けば，ストック量は着実に増加する．これが第二のポイントである．いま仮に安政開港直後の一戸当りの被服ストックが100円であったとしよう．これはもちろん根拠のある仮定ではないが，表5.8における清田・国里村の164円よりは相当に低い水準である．そのときに新調が減価償却額を1円だけ上回るということが生じ，以後明治末年まで続いたとする．ごくわずかな増加であるが，それはストック量が年率1％で増えるということを意味し，この状態が50年間増えつづければ，ストック額は164円を超えるにいたる．実際，これが幕末から大正初年にかけての半世紀間に起こったことではなかったか．

　いうまでもなく，これは農家の所得水準の上昇と市場の拡大を意味する．しかし，所得増加はただちに製品の購入増加に向ったのではなかった．その影響は別なかたちをとって現れた．『清田村・国里村々是』には次に引用する記述がある．

　　「居常綿服を用ゆ，然かも明治二十年頃迄は概ね綿作をなして，自ら之より製作したりしなり，外綿の輸入及内地紡績業の発達に供ひ，綿作の廃止と共に，自家紡績，織布の業次第に衰へ，今や多数は紡かず織らず，多くは布を需め，服を買ひて，着用するに至りし… 然れども尚自家染織，裁縫を行ふものあり，彼の羽織殊に外出用，儀式用のものは，他より購入にかゝる物を着用するも，また自家養蚕の不良繭，同功繭などを製して，之を作り着用するものあり」[22]

　一見したところ，これは所得上昇と市場の拡大が自家生産を縮小させ，購入を増やしたと述べているようにみえる．しかしよく読むと，自家生産の縮小が一足飛びに「服を買ひて，着用する」ようになったわけでは必ずしもなく，「布を需め」，「自家染織」と「自家裁縫」を行うという段階があったことがわかる．事実，表5.2のパネルBが物語っていたのはまさにそのような状況であった．明治年間に近代紡績業と在来織物

---

[22] 中込編(1915)，p.170．なお，他県の村是調査書の記述によって明治年間における農村生活の変化の一端を描き出そうとした数少ない試みの一つに，大門(1992)，pp.17-20がある．

業が国内市場の拡大に支えられて発展したというとき，それら産業の製品需要者にはこのような農家も含まれていたのである．

　このような消費行動パターンを前提とすれば，農家の所得水準上昇がまず伝統的な消費生活の向上に向かい，「文明開化」が農村消費に浸透するには相当の時間がかかったことを無理なく理解できる．いうまでもなく，以上の議論は，すべて「村を一家と見做」した，すなわち平均的な農家を対象としたものである．消費行動における階層間格差の存在は無視できないが，その分析は別稿で行いたい．

　さて，本章の最後に，本書の消費分析のかなめのひとつであるフローとストックの消費について，もう一度検討しておきたい．それは，第2章2.4でみたように耐久消費財の消費については，フロー（購入・自家生産）とストックの双方を検討する必要があり，とくにストックからの消費は，ストックの減耗と置換，およびストック自体の評価額についても考慮する必要がある，ということである．

　はじめに，第4章で検討した被服消費におけるフローとストックとの関係について，もう一度触れておきたい．ここで取り上げた『清田村・国里村々是』の結果を示した表5.8からは，一戸当たり年間フローが28円で，ストックからの使用が50円である．そのため，さきにみたようにストックからの消費を単純に減価償却とみなした場合，ストックが減少すると考えられる．しかし，第1章でみたように，ストックの評価額の変動要因である，ストックの加速度的償却と被服購入の購入割合の増加は，被服の現代化の現象として見られるものであり，当時の人々の被服消費の実態とは距離があると思われる．

　そして，被服ストックの償却年数の短縮が始まっていたとすれば，購入額の増加がみられるであろう．だが，本章の山梨県の分析では，その事実を確認することができなかった．しかし，第4章で述べたように在来産業の発展にともない，人々が被服の購入を増やすことができることは，谷本(1998)を代表とする織物業の研究などからも予想されうることであろう．そのため，清田・国里村の被服消費構造において，フローがストックの減耗分を補充できない，と単純にみなすことはできない．よって，ここではフローとストックからの消費に関するもうひとつの課題として，町村是の資料論的な発想による，ストック自体の評価額を取り上げたい．

第5章　大正初期の山梨農村における衣食住の消費水準と構造

　まず，茨城県におけるストックからの消費割合は，茨城県が29.6％，山梨県の清田・国里村が30.5％，同様に本章で補助的に用いた豊村についても，その値を求めれば，ストックからの利用額が一戸当たり56円，ストック価額が一戸あたり189円なので，その割合は29.6％である[23]．以上のように，山梨県においてもストックの使用は，茨城県と同様にストックの3割である．つまりストックからの消費割合は，茨城県と山梨県の双方で安定していたのである．だが，ストックからの消費割合が3割という結果から，そのまま当時の被服の耐用年数は，3.3年であると考えることは，拙速である．もしそうであるならば，明治以降の「文明開化」による洋風化，さらには，幕末の被服における流行あるいは嗜好変化の影響[24]ですでに被服ストックの消費の償却年数の大幅な短縮が始まっていたということになってしまう．

　そこで，被服の耐用年数を考えるために，『清田・国里村是』より10年前に刊行された，神奈川県都築郡『中川村是調査書』を確認しよう．この『中川村是調査書』には，被服の「保存年間」が記載されている[25]．その内容を見ていけば，足袋，褌，前掛などは，予想されるように1年であるが，それ以外の被服は，単衣の2年から，袷および洋服や外套は5年，綿入や袢纏は10年，そして寝具，ここでは夜着や布団は15年の「保存年間」が示されている．さらに，年に数度しか着用することがない晴れ着になると最低でも8年，冬の羽織は15年，そして袴にいたっては20年の「保存年間」が示されている．これらの事実から，被服の耐用年数はもう少し長くとる必要があろう．この点をもう少し検討したい．

　第2章2.4でみたように，ストックからの消費額である使用者コストには，減価償却のみならず，利子を含むものである．そこで，『中川村是調査書』に記載された被服の「保存年間」の値を利用して，利子率を算出したい．また，『清田村・国里村々是』のみであるが，農業金融における利子率が判明し，その値は「利子は年一割二分位にて，稀れには二割位のものもあり[26]」というものであったことを確認しておきたい．

　ストックからの消費である使用者コストは，第2章でみたように利子と減価償却か

---

[23] 山梨県中巨摩郡豊村役場編(1914), p.103, pp.128-130, より算出.
[24] 幕末の被服の流行と市場の拡大については，田村(2004)を参照.
[25] 以下，被服の「保存年間」は，神奈川県農会(1903), pp.26-29による.
[26] 中込茂作編(1915), pp.175-176.

ら構成されており,『中川村是調査書』記載された被服の「保存年間」を利用して,利子率を求めることが出来る．そこで，被服の「保存年間」を5年，10年，20年と仮定した場合のそれぞれの利子率を求めた．その計算は，(ストックからの消費額)から(ストック額÷「保存年間」)を減じて，利子分を求める．そして，この利子分をストックで除して利子率を求めるものである．まず，5年の場合，利子率は茨城県で9.6％，清田・国里村が10.5％，豊村は9.6％であった．つぎに，10年の場合は，茨城県19.6％，清田・国里村20.5％，豊村19.6％であった．最後に，20年の場合は，茨城県24.6％，清田・国里村25.5％，豊村24.7％であった．『清田村・国里村々是』の利子率を考慮すれば，被服の「保存年間」を20年とした場合の利子率は，高すぎると思われる．よって，第一次世界大戦前の農村における被服ストックの「保存年間」すなわち耐用年数は，5〜10年，そのあいだをとって7,8年くらいであったと考えるのが妥当であろう．

　ここまでの議論をまとめると，山梨県の『清田村・国里村々是』の結果を示した表5.8からは，被服消費の一戸当りの年間消費額は，フローが28円，ストックからの消費が50円であった．そのため，ストックからの消費を単純に減価償却とみなした場合，ストックが減少すると考えられる．しかしこれは，織物業史の研究成果からみても当時の被服消費の実態とは異なるものであろう．また，仮にストックからの消費である50円を減価償却とすれば，ストック額の164円との比較から耐用年数は，約3.3年になるが，この値は，『中川村是』の耐用年数のデータからみても過小である．したがって，『清田村・国里村々是』の結果であるストックからの消費の50円には減価償却費だけではなく，機会費用，すなわち利子額も含まれているとみるべきである．

　そこで，『清田村・国里村々是』において，被服ストック額164円，耐用年数7年とすれば，減価償却額は年およそ24円となり，年間の被服フロー額である28円でも，ストックの減少は生じないのである．実際，被服ストック164円，利子率はさきにみた農業金融の12％[27]とすれば，年間の機会費用はおよそ20円となり，ストックの使用額(50円)から機会費用(20円)を減ずれば30円となり，やはり年間フローとほぼ同額となり，ストックの分は補充されている計算になる．

　さらに第2章でみたように，ストック自体の評価に際し，ストック自体の調査が先

---

[27] この点は，註の26を参照のこと

第5章　大正初期の山梨農村における衣食住の消費水準と構造

に確定されていない場合，すなわち記帳者がストックからの消費の推定から，ストック自体の評価額を行った場合は，減価償却の考え方に慣れていない場合，齟齬が生じる可能性がある．実際，本章の第4節で取り上げた『豊村是調査書』の生計費に記載された「修繕及償却費」には，衣類について，そのストック「價格」89,705円，「保存期限」20年，「修繕及償却費」4,485円25銭が計上されていた[28]．この値は，表5.5に示したストック額の132,345円，表5.1に示したストックからの消費額の39,083円98銭とは異なる．

先述のように，『豊村是調査書』では，最初に「修繕及償却費」を調べて，これに保存期限を乗じてストック額を算出したのではなく，逆の手順で計算を行った．そして，この「修繕及償却費」ストック額の方が，実際に調査されたストック額である表5.5の値よりも小さい．また，「保存期限」が一律20年という想定にも問題があろう．それは，上述の利子率の計算からも指摘されうるものである．

消費のフローとストックとの関係を減価償却に結び付けて考えることは，豊村の調査員のたんなる思いつきではなく，幕末に作成された『防長風土注進案』でも見られる概念である．しかし，当時の人々が減価償却概念に慣れていない場合は，減価償却として記載された数値に注意を払う必要があると思われる．

以上から，町村是に記載されたストックからの消費額をそのまま減価償却として計上するよりは，第2章で見た使用者コストの概念でみたように，減価償却を含むストックからの消費サービスを計上したものであるという理解を本書では採用したい．そして，洋風化や短期的に変化する流行の影響による償却年数の短縮化は，この時代にはまだ十分な形ででは起こっていなかった．それは，第4章，および本章でみたように消費財の増加分が伝統的な財の増加に向けられた事実からも確認できる．また，被服の耐用年数は，使用者コスト論から算出した利子率にもとづいて，平均7,8年くらいであったと考えたい．もちろん，ここでの結論はあくまで暫定的なものであり，この点は，消費の経済史研究においても実証しなければならない課題である．ただ，そのためにはいくつかのまとまった数のデータが必要であるため，今後の研究課題としたい．

---

[28] 山梨県中巨摩郡豊村役場編(1914)，p.135．

5.6　本章のまとめと今後の課題

　以上をもって，第1部の町村是による分析を終える．つづく第2部では農家の勘定体系である農家経済調査による分析を行う．そこでは，まず第6章で農家経済調査の成立とその展開について，現代の開発経済学の形成と関連付けながら検討してゆく．そして，第7章では，現在，一橋大学経済研究所附属社会科学統計情報研究センターにおいてデータベース化が進められている，1931-41年の農家経済調査の資料論的考察を行い，戦前日本の農家世帯における消費分析の可能性について考察する．

第2部　勘定体系の成立としての農家経済調査による分析
：農家経済調査の形成とその消費分析の可能性について

第6章 戦前日本の農家経済調査の形成とその現代的意義について：農家簿記からハウスホールドの実証研究へ*

6.1 町村是から農家経済調査へ

　戦前日本の農家経済調査は，どのような経緯を辿って形成されたのであろうか．経済史では，具体的な農家を対象とした研究は，それほど多くはなく，農村の調査と農家の調査は，同一のものとみなされることが多い．本論文でも，第1部は，町村是という村を調査単位する資料を利用し，本章を含む第2部では，農家経済調査という家を調査単位とする資料を利用する．そこで，本章では，第1部の議論と第2部の議論つなぐ輪として，町村是と農家経済調査との関係について考えることからはじめたい．

　農業生産を把握するため，太閤検地による耕作人の確定，そして徳川日本の租税体系である，「村請制」とそれを補完する各農家世帯を5つまとめた「五人組」という制度により，徳川日本では農村と農家という村と家の双方を認識する必要があった，と考えられる．

　明治日本においてもこの認識は継続していた．しかし，租税体系の抜本的な改革である地租改正は，租税賦課の対象を村から個別の家へと大きく変化させた．もちろん，農村の「共同体」的性格がそれを機に急激に変化したというわけではない．しかし，地租改正は農家世帯にとって大きな影響をもたらしたのである．それは，土地所有の主体が，明確に村から個人へと変化したことであった．また，地租改正にともない租税賦課の対象も「村請制」から個人へと変化した．その結果，農業生産の単位は，村よりも個別の世帯にウェイトをおく契機となったであろう[1]．

　このような背景を有する農家経済調査について，日本における農家経済調査の先駆けであった斎藤萬吉と町村是および農家経済調査との関係から見ていきたい．

---

* 本章は，佐藤正広氏との共著論文，尾関学・佐藤正広(2008)「戦前日本の農家経済調査の今日的意義：農家簿記からハウスホールドの実証研究へ」『経済研究』第59巻1号，pp.59-73の筆者執筆部分全7節のうち，(第1節，第3-7節)による．共著論文の利用を許可していただいた佐藤氏に感謝申し上げる．

[1] この点は，筆者と一橋大学佐藤正広教授との議論を通じて，佐藤(2012)，第8章第4節，とくに註35(pp.280-281)で論じられている．議論に応じていただいた佐藤教授に感謝する．

日本における農家経済調査の嚆矢は,斎藤萬吉によるものであった.その理由としてふたつあげることができる.第一に,日本における最初の本格的な簿記調査であった,帝国農会による農家経済調査の実施に際して,横井時敬や佐藤寛次などと一緒にその調査委員会の委員を務めていたこと.第二に,彼の調査,いわゆる「斎藤萬吉調査」が農商務省による農家経済調査の開始時(1921年)に,正式に農家経済調査と公認されたことによる[2].だが,彼の調査は聴き取りを中心としており,本格的な簿記調査ではなかった.

　つづいて,町村是と斎藤萬吉との関係についてみていきたい.それは,「斎藤萬吉調査」の結果として挙げられている計数,すなわち『日本農業の経済的変遷』や『実地経済農業指針』に掲載された計数は,前田正名によって開始された町村是の計数を利用したものであった[3].そして,第3章で見たように,斎藤は町村是に対し批判を加えたが[4],第5章で見た山梨県『清田村・国里村村是』の序文に斎藤萬吉は序文を寄せていたのである[5].

　これらは,つぎのような事実を意味していると考えられる.それは,租税賦課の対象が村から家へと変化したことに合わせ,農業生産の単位が農村から農家へと移行する只中にあったとき,調査の対象もそれにあわせて変化していたことを意味していたのではないだろうか.そのため,農業の問題を調査するとき,その調査対象としてのウェイトを村から家におくようにしたのではないだろうか.実際,農家経済調査の歴史をたどった体系的な著作である『農家経済調査史』においても,農家経済調査を町村是に連なる調査として記載している[6].だが,当然両者の間には隔たりもあった.それは,農家経済調査において,全国で統一的な調査が行われたこと,および簿記による調査の成立である.しかし,また,町村是は「一村を一家と見做」して調査がすす

---

[2] 農商務省農務局(1924),「緒言」を参照.また,尾関・佐藤(2008)の第2節(佐藤執筆部分)も参照.
[3] 斎藤萬吉自身が行った農家経済調査のデータの一部は,愛知県の町村是に記載されたデータを利用している.この事実は,もう少し広く知られてしかるべきであろう.この点についての詳細は,農林省統計情報部・農林統計研究会編(1975),pp.30-31を参照のこと.
[4] 斎藤(1912)を参照.
[5] 筆者が尾関(2003)の執筆時に現存する町村是を調査しており,斎藤萬吉が序文を寄せた町村是は,茨城県にも数多く確認できた.また,第5章で検討した山梨県『清田村・国里村是』の調査,刊行に際し,斎藤萬吉から協力を得た旨の記載がある.その内容は,第5章5.2を参照.
[6] 農林省統計情報部・農林統計研究会編(1975).

- 122 -

第6章 戦前日本の農家経済調査の形成とその現代的意義について

められた.すなわち,「村」を「家」と見なしており,農村を調査対象とする町村是と農家を対象とする農家経済調査との間には連続性を有していたと考えたい.そこで,本書では,町村是に続く時代の農村・農家の消費の実態を分析する資料として積極的に農家経済調査を利用してゆきたい.

6.2 戦前日本の経験と現代の開発経済学:自営業世帯の経済活動から

開発経済学は,現代の途上国を分析対象としているが,日本もまた過去には途上国であった.マクロの視点では,一人当たりGDP成長率や,市場の不完備性などをあげることができる.一方,ミクロの視点,ここでは世帯から開発途上の状態を考えると,現代の途上国と次の二点で共通していた.ひとつは,非市場的な側面を有していた.すなわち,世帯においては,現金収支に加え,現物収支が重要となっていた.とりわけ,農家世帯においては,その度合が非常に大きなものとなった.もうひとつは,経済主体が,一般的なミクロ経済学が想定する合理的な個人というよりも,生産,消費,そして労働供給の単位が一つであるような世帯が圧倒的であった.

開発経済学にとって,低開発部門から近代工業部門への労働供給構造の分析に際し,経済主体としての世帯が,その対象として重要になってきたのは,1960年代のことであった[7].日本において労働供給の主体としての世帯に着目してきた小尾恵一郎は,経済発展理論の進展において,世帯における主な所得稼得者とその他の世帯構成員が雇用労働市場へ労働供給をおこなう機構の研究が必要となった,と述べている[8].小尾の研究は,UCバークレー,スタンフォード大学を中心とするD.W.ジョルゲンソンのグループを通じて,開発経済学にとって広範囲に示唆をあたえた[9].

以上のことは,開発途上にある地域の経済学を考えるとき,その活動の場である市場に加え,経済主体である世帯,すなわちハウスホールドの研究が必要であることを示唆している.現代のミクロ経済学では,家計の消費行動と,企業の生産活動を分離して考える.しかし,途上国に多く存在する農家や家内企業などの小規模生産者の経済活動分析に際し,経済主体としての世帯を家計と企業とに分離して考えると,その

---

[7] 鳥居(1979),p.189
[8] 小尾(1971)を参照.
[9] 鳥居(1979),p.193

経済活動の本質を捉えきれない.そこで,開発経済学の分析手法のひとつとして,農家や家内企業といった小規模生産者の経済行動を,効用最大化のための生産活動と消費活動として同時に決定する分析手法が生れた.それが,ハウスホールド・モデルである[10].

さて,日本が発展途上にあった時期,すなわち明治から昭和初期にかけの農家経済調査は,農家における現金と現物の生産・収入,支出から始まり,資産調査,さらに世帯全体および個々人の労働時間などを詳細に調査した[11].このデータは,パネル化することによって,日本の農家経済に関する新たな計量分析を行う可能性を有している.この農家経済調査の背景にある経済学から出発し,上述のハウスホールド・モデルの源流の一つである,農家主体均衡論が生れた.

本章は,日本の農家経済調査の形成と,その背後から生れた農家主体均衡論の形成を考察する.それは,西欧からの農業経済学と農家簿記の導入と受容,そして日本での農業経済学と農家経済調査の形成,最後に,第二次世界大戦後に日本で生れた農家主体均衡論が海外へ紹介されていく過程をあつかう.この過程を,戦前日本の農家経済調査の変遷から跡付けていこう.

6.3 戦前日本の農家経済調査の変遷過程

本節では,第2部で取り上げる農家経済調査とはどのようなものであったか,概観したい.

農業や農家にかかわる生産や消費,そして労働などの構造を調査する意味での構造調査は,明治以降に行われるようになる.すなわち,農家世帯を単位とした構造調査である.農家世帯は農業その他の複合的な生産の単位であると同時に,家計の単位でもある.それらを含む全体をいかにして整合的かつ構造化して把握するか,そのための勘定体系の設計が,この調査の成否を決めることになる.

---

[10] ハウスホールド・モデルについては,黒崎(2001)第1章,Sadoulet, Elisabeth, and Alain de Janvry. (1995), Ch.6, Singh,Squire and Strauss eds. (1986)をそれぞれ参照のこと.
[11] 日本においては,農家経済調査という語は,本章第1節で述べた斎藤萬吉調査の段階で,すでに個別の調査の名称として用いられている.したがって,以降はこの語を一般的な名称として用いると共に,固有名詞としても用いている.

第6章　戦前日本の農家経済調査の形成とその現代的意義について

　『農家経済調査』は帝国農会および農商務省・農林省が中心となって，大正2(1913)年から毎年行ってきた我が国の農家の経営，経済活動に関する統計資料である．その具体的内容は，自作，自小作，小作，それぞれの農家世帯について，その生産，労働配分，消費生活などを扱っている．

　明治以降の農家経済調査は，明治20年代から大正初期にかけての斎藤萬吉による調査を嚆矢とする．その後，農林省および帝国農会によって調査が行われた．ここでは，戦前期の農林省および帝国農会の調査について概観するにとどめる[12]．それは，稲葉編(1953)の整理によると，次の時期区分でその内容が分けられる．

　0) 斎藤萬吉調査
　1) 1913(大正2) – 1915(大正4)年　　第1期(帝国農会)
　2) 1921(大正10) – 1923(大正12)年　第2期(農林省第1期)
　3) 1924(大正13) – 1930(昭和5)年　　第3期(農林省第2期)
　4) 1931(昭和6) – 1941(昭和16)年　　第4期(農林省第3期)
　5) 1942(昭和17) – 1948(昭和23)年　第5期(農林省第4期)

　以下，稲葉編(1953)に依拠して，明治から第2次大戦後までの日本における農家経済調査の変遷について，簡単に見ておくことにしよう．なお，0)斎藤萬吉調査は，前節で触れたので，本節では1)第1期調査(帝国農会)からみていくことにしたい．

1) 第1期調査(帝国農会)

　この第1期調査は，農商務省の委託により，帝国農会が実施した日本最初の全国的な簿記調査であった．それは，斎藤萬吉調査とは異なり，農家簿記による本格的な調査の開始でもあった．調査の実施に際し，帝国農会は佐藤寛次を調査主任として，横井時敬，斎藤萬吉，三松武夫，伊藤悌蔵，有働良夫，石黒忠篤，副島千八からなる調査委員会を設置した．稲葉編(1953)によると，この委員会における主な議題は，調査簿の決定にあったようである．稲葉は，自身の記憶として，たとえば，石黒忠篤は，「当

---

[12] 詳細は，稲葉編(1953)を参照．また，その形成史を含めた解説は，一橋大学経済研究所附属社会科学統計情報研究センター編(2008)，農林省統計情報部・農林統計研究会編(1975)をそれぞれ参照．

時は経済調査の名にとらわれ,経済に関することは何でも調査するものの如く考えられ要求事項が多く,この要求と農家の記帳能力とを如何に調和せしめるかが大きな問題であった.そのため調査簿を決定するためにこれ等の委員が,三日三晩殆ど徹夜で議論した程であつた」,と聞いていた.そして,この第1期農家経済調査に採用された調査様式は,スイスのラウル式簿記を念頭においたものであり,調査主任である佐藤寛次が,簿記の記帳指導者のために執筆したとされる『農家の簿記』に即したものであった[13].

2) 第2期調査(農林省第1期)

稲葉編(1953)によると,帝国農会による第1期調査が3ヵ年で中断したあと,小作制度調査委員会の要望により,1921(大正10)年に農商務省・農林省(以下,農林省とする)による第2期調査が開始され,1923(大正12)年まで継続された[14].この第2期調査は,調査方法の立案から調査結果の全国集計までを農林省が担当する,というものであった.以後,農家経済調査は,農林省が主体となって実施された.そして,この期の調査方法は,基本的に帝国農会の調査を踏襲したものであった.

3) 第3期調査(農林省第2期)

第2調査に継続して,農林省は1924(大正13)年から1930(昭和5)年にかけて第3期調査を実施した.稲葉編(1953)によると,この期の調査の特徴は大きく二つある[15].ひとつは,この第3期調査が,1924年より帝国農会が実施した農業経営改善指導並びに調査に対する現状調査として位置づけられていることである.もうひとつは,農業総収益に中間生産物を含むことである.後者の中間生産物の扱いは,第3期の農家経済調査がその前後の調査,すなわち第1期と第4期の調査結果との比較が困難となることを意味する.

4) 第4期調査(農林省第3期)

1931(昭和6)年から1941(昭和16)年にかけて実施された第4期調査は,調査農家の選定において,従来の調査と大きく異なっていた.それは次の3点である.(1)自作農・自作兼小作農・小作農の規定,(2)農家の大小を規定,(3)世帯員の規模を規定,であっ

---

[13] 本書が対象とする農家経済調査の簿記様式については,浅見(2009)を参照.
[14] 稲葉編(1953),pp.11-16.
[15] 稲葉編(1953),pp.16-19.

た．また，農業総収益は，第2期調査に復帰するかたちで中間生産物を含まないものに改訂された．なお，この第4期調査は，次章において詳細に検討したい．

5）第5期調査（農林省第4期）

第5期調査は，「農家経済経営調査」と農家経営の側面を取り入れた調査であり，1942（昭和17）年から1948（昭和23）年まで実施された．この調査は，日本の農業経済学を理論と実証の双方から推進した，京都大学の大槻正男による調査様式，すなわち「京大式簿記」が採用された調査である．この時期の調査は，調査対象世帯が，従来のおよそ350戸から1400戸へと4倍増になった．

以上のような展開をみせた日本の農家経済調査の背景にあった，農家簿記と農業経済学について，次節から考察したい．

6.4 農家簿記について

6.4.1 世界各国における農家簿記の制度化：ドイツとスイスを中心に

19世紀末から20世紀初頭にかけて，各国で農家簿記の研究に関する施設が設立された．まず，ドイツでは，1872年にホワルトが私設の農業簿記調査所を設立し，つづいて1895年にドイツ農事協会，ドイツ農業会議所によっても設立された．20世紀に入ると，1901年にE.F.ラウルによって，スイス農業団体総連合事務局が設立され，アメリカでは1909年までに農商務省によって，30の農業簿記調査所が設立された．同年にスウェーデンでも政府と地方農会によって簿記調査所が設立，そして英国では，オックスフォード大学農業経済研究所が1913年に設立された[16]．また，ロシアにおいては，1913年に経営学及農業統計局事務局が，研究委員を派遣して，ドイツ農事協会，スイス農業団体総連合事務局の簿記を研究した．

これらの農業簿記調査所は，大きく二つの流れに分けることができる．ひとつは，農家が自身の経営を科学的に組織することを目標として設立されたものであり，ドイツのホワルトによって設立された調査所がそれに該当する．もうひとつは，従来の官庁統計の信頼性に疑問をもち，農家の状態に関する基礎資料を得るために設立された

---

[16] なお，英国における1936年の農場経営調査とオックスフォード大学農業経済研究所との関わりについては，山本（2013）を参照．

もので，スイスのラウルによる調査所がこれである[17]．

前節でみた日本の農家経済調査に大きな影響を与えたのは，ドイツとスイスの農家簿記であった．次に，これらの国における農家簿記の発展について説明しよう．

ドイツにおける農家簿記は，1777年にギーセン大学にブライデンバッハによって，世界で最初の「農業と会計制度の研究所」の設置から始まる[18]．その目的は，課税の客観的な基礎をつくるためであった．その後，1872年にホワルトによる農業簿記調査所の設立後，調査所は各地に設置され，その取りまとめはドイツ農事協会，ドイツ農業会議などによって行われた．ホワルトによる調査所の設立は，「大衆現象としての農家簿記記帳を発展させる稀有の機会を創造すること」となった[19]．

その後，ドイツの農業簿記は進展するのであるが，複式簿記を主張するホワルトと単式簿記を主張するエーレボーとの間で，複式簿記と単式簿記のどちらを採用するかをめぐって論争が行われた．この論争は結果的に，第一次世界大戦前には，「農業において複式簿記は無理である．[20]」，との結論に達した[21]．前節で見たように，日本の農家経済調査が本格的に始まるのは，1913（大正2）年であるが，その頃にはドイツの農家簿記は単式簿記で行われることになっていた．それは，日本における農家簿記の導入にも影響をあたえたのである．

つづいて，日本の農家簿記に決定的な影響を与えた，スイスの農家簿記について説明しよう．スイスは，日本と同様に小農経営が主流のまま工業化した国である．この国では1890年に，農家経済の状態を模範的調査様式によって把握するため，ラウルがスイス農業団体総連合事務局を設立した．この事務局では，簿記講習会を開催し，簿記帳農家に報酬を与える形で，農家簿記の記帳を開始した．スイスでは，ラウルが考案した小農調査用の単式簿記により，統一的な方式によって帳簿組織が設計され，記帳農家が期首から期末まで自分で記帳することを目指したものであった．ラウルによるこの農家簿記は，ヨーロッパ諸国をはじめとする諸国に影響を与え，各国はスイ

---

[17] 横山・大槻(1926,1928)．
[18] 浅野(1991), p.2.
[19] ナウ(1967/72), p.23.
[20] 大槻(1955)．
[21] 浅野(1991), 第2-3章, 四方(1996), 第2章．

スの調査方法を模倣した[22]。その影響は日本にもおよび、日本の農家簿記、農家経済調査もラウルによる簿記様式、調査方法を模倣したのであった。そして、スイスのラウルのもとで農家簿記を本格的に学んだ人々の中に、「小農研究の祖」と呼ばれるロシアのチャヤーノフと、京都大学の大槻正男がいた[23]。

6.4.2 日本の農家簿記

日本では、近世後期になると一部の商家で簿記が用いられていた。しかし、農家は基本的には、大福帳様式の帳簿を利用していた。明治に入ると西欧の学問が輸入され、その中に農家簿記も含まれていた。これらの西欧起源の農家簿記は、商業簿記を基本としていたため、複式簿記が中心であった[24]。複式簿記は、単式簿記と比較すると、厳密な会計処理が行える反面、記帳が煩雑となり、記帳する農家にとっては大きな負担となった。複式簿記の記帳が農家にとって負担となっていたことは、先に述べたようにドイツでも問題となっており、結局ドイツにおいても単式簿記が採用された。そして、日本の農家経済調査もスイスのラウルの考案した単式簿記が採用された。

6.5 農業経済学の導入と制度化

6.5.1 ドイツ語圏の経済学と農業経済学

商業簿記を母体とし、複式簿記による以上のようなシステムと並んで、農学者の間でも、農家経営の実態を知り、その発展を目指すため、農家簿記の必要性が唱えられていた。日本において、それは農家簿記に限らず、農業経済学全体の学問体系の輸入の過程でもあった。本節では主に日本における農業経済学の導入と展開、すなわち帝国大学における農業経済学の変遷を述べる。だがその前に、当時のドイツ語圏における経済学および農業経済学の様相をみておく。ただ、この頃のドイツ語圏の農業経済学は農学から未分化であり、今日のように経済学の枠組みを有していなかった。

---

[22] 横山・大槻(1926,1928)。
[23] ナウ(1967/72)、pp.101-102。
[24] 本章における農業会計理論の歴史については、西村(1969)によるところが大きい。なお、一橋大学附属図書館の簿記コレクションである西川文庫を中心に、所蔵されている農家簿記を確認したところ、およそ次の変遷を辿っていた。まず、1884年の前田貫一『農業簿記教授書』からはじまり、1894年には音羽竹槌の『実地応用農業簿記独習書』、1902年の守田整義『最近農業簿記学例題』、1938年の樋口午郎『農家簿記講話』へとつづいていた。

当時のドイツ語圏における経済学の主流は，ブレンターノらの歴史学派であった．その特徴は，歴史，統計からの帰納的な分析を主にしていた．一方，のちに現代経済学のフレームワークを形成した限界革命の担い手，すなわちジェボンズ，メンガー，ワルラスらの方法は，演繹的な分析を主にしていた．両者の間には「方法論争」が行われており，この論争は，当時生れつつあった農業経済学にも影響を与えていた．

ドイツの農業経済学の分野では，20世紀初頭にエーレボー（6.4.1の農業簿記論争の論者）が，チューネンの思想を受け継ぐ形で演繹的な分析手法による農業経済学を提唱した．この方法はブリンクマンによって引き継がれ発展させられた．一方，スイスのラウルは，当時主流であった歴史学派の影響下にあって，帰納的方法で分析を進めた．その手段として，農家簿記の充実を図ったのである[25]．当時の日本が導入したのは，この歴史学派農業経済学とそれにつらなる社会政策学としての農政学であった．

日本はドイツの農業経済学を輸入しようとした．しかし，ドイツの農業は，日本と比較すると大規模であり，その経験および理論をそのまま日本に適用することは難しかった．これに対して，日本に近い小農経営に基づく農業が行われていたのは，農奴解放後のロシアであった．この時期のロシアは，チャヤーノフらの「生産・組織学派」の簇生期を迎えていた．そして，日本の農業経済学は，チャヤーノフ理論から，決定的な影響を受けた[26]．

6.5.2 農業経済学と農家簿記の制度化

東京大学における農業経済学は，ドイツ語圏の農業経済学と同様に農学の一分野という色彩が強く，農学部設置からしばらくの間，単独の農業経済学科は設けられていなかった．のちに学科が設置されると，横井時敬，和田垣謙三，矢作栄造らが教壇に立った．横井は，農学第一講座において，農業経営学および農業会計学・農業評価学の講義を担当し，和田垣謙三が農政学・経済学第一講座で経済原論を担当，矢作栄造は農政学・経済学第二講座において農業金融論を担当していた．その後，佐藤寛次が横井の講座を受け継ぎ，また農政学・経済学第三講座を那須皓が担当することになった[27]．

---

[25] ナウ(1967/72)，第1-3章．
[26] 以下，本章におけるチャヤーノフについての議論は，チャヤーノフ(1923/57)，小島(1987)第4-7章，友部(2007)第2章による．
[27] 東京大学百年史編集委員会編(1987)第5章．

第6章　戦前日本の農家経済調査の形成とその現代的意義について

　那須は，経済学の中に数理統計学を導入することを主張し[28]，原洋之介によると，農家主体均衡論の先駆けとなる枠組みを示した[29]．なお，日本の農家経済調査をはじめた斎藤萬吉は，農学部の前身である農科大学校時代に助教授として農村実習などを担当していた．

　チャヤーノフから大きな影響を受けた横井は，西欧と日本との農業形態の違い，すなわち日本の小農経営の解明につとめ，後述する京都大学の大槻正男に大きな影響を与えた[30]．東大における横井の講座後継者である佐藤は，農業評価学で学位論文を取得し，その研究で海外へ留学した．また，本章6.3で見たように，彼は学位論文を提出する前の1913（大正2）- 15（大正4）年に帝国農会が実施した農家経済調査の調査委員会の主任になっていた．調査委員には，横井時敬や石黒忠篤，そして斎藤萬吉などが含まれていたが，佐藤は主任となった．この農家経済調査で，佐藤はスイスのラウルによる単式簿記を導入した．このことは，斎藤萬吉による聞き取り調査方式に対し，調査個票を用いた農家簿記，すなわちラウル式簿記を日本の農家経済に適用する試みでもあった[31]．そして，ラウル式簿記をもとに『農家の簿記』を刊行した．

　さて，このように日本においても農業経済学および農家簿記の導入が進められた．しかし，先に述べたように，ドイツ語圏の経済学自体にも「方法論争」の影響によって，ドイツ歴史学派からの脱却が図られつつあった．日本の農業経済学もこの影響を受けることになる．

6.5.3　脱歴史学派：農業経済学における経済学の本格的な導入

　1910年代初頭，日本の経済学は，歴史学派からの脱却が図られようとしていた．1914（大正3）年，社会政策学会（現在の日本経済学会の前身）大会において，「小農保護問題」が大会テーマとして取り上げられた[32]．そこで横井時敬が，「わが国における小農問題は実に複雑にして簡単に論じ難い」と発言したことに対し，福田徳三は「この

---

[28] 東京大学百年史編集委員会編(1987), p.954.
[29] 原(2006), pp.96-97.
[30] チャヤーノフからの影響については，大槻正男一学と人一刊行会(1981), pp.336-337を参照のこと．また，横井の小農概念は，土地の広狭によるものではなく，家族労働のみを用いる農業経営を指している．この点については，横井(1927), 大槻(1941), を参照のこと．
[31] 佐藤寛次伝刊行会編集委員会(1974), pp.64-69.
[32] 小農保護問題については，社会政策学会編(1915/76)を参照のこと．

世の中の事象にして複雑でないものはない．複雑混沌としているがゆえに理解し難く，取扱い難いとするのは論者においてこれに刃向かう理論をもたないからである」と発言した．この議論を聞いていた当時，学生であった大槻正男は，「農学の勉強も技術の勉強だけではだめで，あわせて経済学の十分の勉強をせねばならないことを痛感させられ」，福田徳三の『経済学講義』を読んだ，と回想している[33]．このような認識を共有した世代に，東畑精一，近藤康男などがいた．

　導入すべき経済学理論をめぐって，彼らは三つの方向を目指した．東京大学では，ひとつが，近藤康男によるマルクス経済学の導入であった．もうひとつの方向が，シュムペーターを中心とするオーストリア学派．これは，那須皓の講座後継者であった東畑精一の農業経済学であった[34]．

　同じ時期に横井の下で学んだ大槻正男が京都大学に着任した．彼は，京大着任までの間に，農商務省に勤務し，農家経済調査に携わった．この経験を通じて，大槻は，理論と実証に基いた農業経済学の構築を進めていくことになる．その彼が導入したのは，現在のミクロ経済学につながる限界概念と新古典派の経済学であった．

6.6　農家主体均衡論と「京大式農家経済簿記」
6.6.1　大槻正男の農業経済学：理論と実証

　京都大学の農林経済学科設立は，橋本傳左衛門によってなされた．橋本は，1926年に商工経済政策講座を農業計算学講座に変更し，この講座を大槻正男に任せた．また橋本は，現在，帝国農会・農商務省・農林省による農家経済調査（6.3を参照）が保管されている「農業簿記研究施設」の前身である農林経済調査室を設立した．そして，この調査室で大槻が中心となって，京大独自の農家経済調査をすすめた[35]．

　大槻は，理論と実証の双方に取り組むことを決意して京都大学に赴任した．小農保護問題によって農業経済学の理論化が必要であることを認識し，さらに6.5.3でも触れた通り，農商務省勤務時代に小作対策としての農家経済調査に携わったことから，

---

[33] 大槻正男―学と人―刊行会(1981)，pp.339-341．
[34] 原(2006)，p.23．
[35] 京都大学農学部70年史編集委員会・京都大学農学部70年史編集専門委員会編(1993)，第6章，大槻正男―学と人―刊行会(1981)，pp.329-332．

第6章 戦前日本の農家経済調査の形成とその現代的意義について

農家簿記の精緻化を進める必要性を認識していた．その結果，大槻は，いってみればチャヤーノフとラウルの役割を1人でこなすようになったのである（以下，本節の叙述は，図6.1を参照されたい）．

図6.1 大槻の農業経済学研究と田中・中嶋による農家主体均衡論の形成

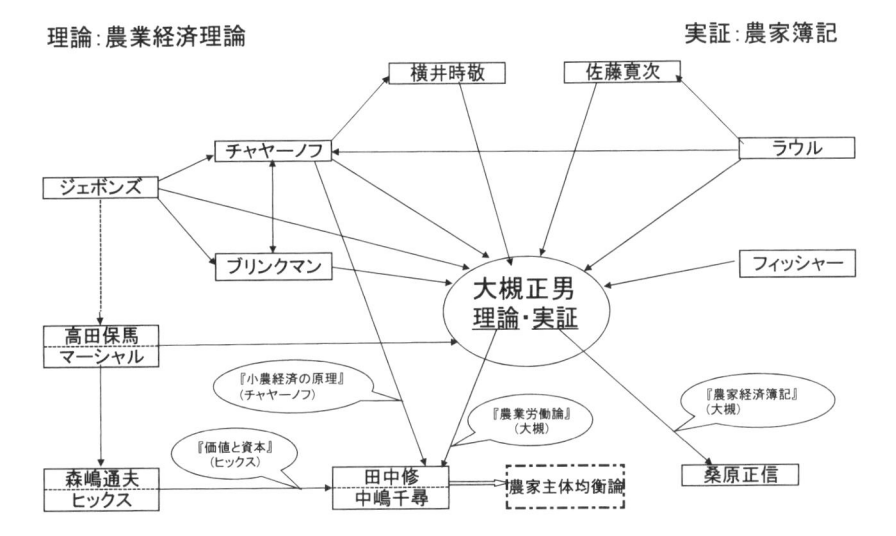

理論：農業経済理論　　　　　　　　　　　　　　　　　実証：農家簿記

［横井時敬］　［佐藤寛次］
［チャヤーノフ］　　　　　　　　　　　　　［ラウル］
［ジェボンズ］
［ブリンクマン］　　　　　　　　　　　　　［フィッシャー］
　　　　　　　大槻正男
　　　　　　　理論・実証
［高田保馬
マーシャル］
　　　　『小農経済の原理』
　　　　（チャヤーノフ）　　　　『農家経済簿記』
　　　　　　　　　　『農業労働論』　　（大槻）
　　『価値と資本』　　（大槻）
　　（ヒックス）
［森嶋通夫　　　　［田中修
ヒックス］　　　　中嶋千尋］　　農家主体均衡論　　［桑原正信］

注
1.本図は，本章6.6の内容を表す．ここでは，大槻正男を中心に，農業経済学研究における人物関係を，理論を左に，実証を右に配置した．
2.矢印は，図中の人物が誰に影響を与えたかを示す．
3.吹き出しの書籍は，農家主体均衡論の形成と農家簿記研究において，特に影響が大きいものを示した．
＊筆者作成．

　大槻は，農家の経済活動の分析に際し，ジェボンズやチャヤーノフなどにもとづく農業経済理論の構築につとめつつ，農商務省・帝国農会の農家経済調査に関わりながら，京大独自の別個の農家簿記を生み出した．
　まず理論の側面から見ていこう．
　大槻は，ジェボンズの影響を受けたドイツのブリンクマン『農業経営経済学』を学び，翻訳し，農学重視の農業経済学からの転換を目指した．その後1927-28年に，ボン大学に留学し，ブリンクマンのもとで指導をうけた．また，大槻は農家主体均衡論とそ

- 133 -

れにつらなるハウスホールド・モデルの原型であるチャヤーノフ理論の導入を図った[36]。

チャヤーノフ理論とは，ジェボンズの限界効用概念を用いて，自給自足的な農家の生産活動を次のように説明する．このような農家は，家族労働による農業生産物の追加1単位が，これ以上に農家の食料消費による限界効用を大きくすることなく，さらに家族労働の追加1単位が労働による苦痛，すなわち限界不効用を累積させる点まで，労働投入を継続する．

さて，チャヤーノフは，ロシアの「組織・生産学派」の中心人物である．日本の学問研究においてドイツ語圏がその主流であった時代に，なぜ大槻はロシアのチャヤーノフに着目したのであろうか．そこには，三つの要因がある．まず，大槻が学生時代に師事した，日本の「小農研究の祖」といわれる横井時敬の講義からの影響であろう[37]。次に注目しなくてはならないのが，ドイツの農業経済学者ブリンクマンとスイスで農家簿記をすすめたラウルであった．大槻は，ブリンクマンの著作を翻訳し，留学時に彼のもとで指導をうけた．また，ブリンクマンはエーレボーとともに，モスクワでチャヤーノフが主宰した農業経済学研究所の在外研究員であり，ブリンクマンの著作は，この研究所で1920年代初めに翻訳・刊行されている[38]。また，ラウルとの関係では，スイスの農家簿記研究施設に大槻，チャヤーノフの両者が留学した経験をもっている[39]。チャヤーノフは，このときの経験が『小農経済の原理』に影響を与えた，とのべているが[40]，大槻も，時期こそ違え，同じところで学んでおり，共通の学問的経験をもっている．

最後に，ドイツと日本とロシアの農業形態の比較観点から見ると，日本の学問はドイツを模範としていたが，ドイツは日本とでは農業経営の規模が大きく異なるため，ドイツの理論をそのまま導入するのは難しい．その点，ロシアは革命後の農場集団化以前は，小農経営が主体であり，日本の農業と類似点があった．チャヤーノフも『小農経済の原理』日本語版に対するコメントで，次のように述べている．

---

[36] 大槻によるチャヤーノフの紹介は，大槻(1925)を参照のこと．
[37] 大槻正男―学と人―刊行会(1981)，p.336．
[38] 小島(1987)，p.174，ナウ(1967/72)，p.98．
[39] ナウ(1967/72)，pp.101-102．
[40] チャヤーノフ(1923/57)，p.384．

第 6 章　戦前日本の農家経済調査の形成とその現代的意義について

「私の主たる著書の日本語訳の出現を，私は非常な満足をもって歓迎する．この満足は今の場合特に著しきものがある．蓋し私の考えでは，日本は本書で取扱った根本思想がもっともよく妥当する国の一つであるからである．……〔中略〕……経済学の基礎たる欧州産業からもっとも隔れる状態をこの国の農業において観察している日本の経済学者からの批評を聞くことができれば，著者は幸甚の至りである．[41]」

加えて，『小農経済の原理』の初版が，ロシア語ではなくドイツ語で刊行されたことがあげられる．これは，チャヤーノフが自分の理論を西欧に知らせるために行ったことであった[42]．この点もチャヤーノフ理論を日本に導入されやすくする要因のひとつであった．

また，大槻は農業経済学に加え，ジェボンズやマーシャルなどを中心に経済学の習得につとめた．当時の京都大学経済学部では，日本における近代経済学の草創期を担った高田保馬が講義を受け持っていた．大槻は，高田の講義を受講し，農業経済学の理論化を進めた[43]．

これらの成果が，大槻の『農業労働論』(1941年)である．この著作で大槻は，自給自足経済が中心の農業生産において家族労働の市場が存在しない，いわゆる「賃労働なき自営農民経済」，つまり小農世帯の労働供給を中心に議論を展開した．よって，農家世帯における生産と消費の側面を取り込んだ議論は，少ない．しかし，後述のように，この著作に影響を受けて，彼の弟子たちが後に農家主体均衡論を形成した．

以上が，大槻による農業経済学の理論形成過程であった．

次に農業経済学における実証の側面をみていくと，大槻は，農家簿記の精緻化のため，商業学校主催の簿記講座などに通った[44]．大槻によれば，農家簿記の理解にとって重要だったのは，I.フィッシャーの*The Nature of Capital and Income*.(1906年)で

---

[41] チャヤーノフ(1923/57)，序文，pp.5-6.
[42] 小島(1987)，p.226.
[43] 大槻は他にも，J.B.クラークやフォン・ウィーザーなどを勉強していた．その一方，マルキシズム経済学には関心をもてず，近代経済学の動態理論は苦手であり，本当の理解が出来ていない，と述べている．(大槻正男―学と人―刊行会(1981)，pp.339-341).
[44] 大槻正男―学と人―刊行会(1981)，p.322.

ある．大槻は，フィッシャーによって簿記を経済学の観点から理解し，小農簿記組織を組みたてる研究に着手した，と述べている[45]．フィッシャーの特徴は，経済変量におけるフローとストックを明確に分けたことにある[46]．このことは，基本的に期首と期末の財産の増減を問題とする農家簿記から，農業の純収益を求めることを第一の目的とする農家経済調査への展開にとって，重要な役割を果たしたといえるかもしれない[47]．

そして，大槻は，1933（昭和8）年に「京大式農家経済簿記」を生み出し，1938（昭和13）年にこれまでの研究をまとめて『農家経済簿記』を刊行した．この「京大式農家経済簿記」は，従来の農林省の農家経済調査と異なり，農家世帯が自分で決算まで行うことができるという画期的なものであった．大槻は，この簿記の普及を図るため，農業計算学講座の後継者である桑原正信たちと各地で講習会を開催した．

6.6.2 農家主体均衡論の形成：田中修と中嶋千尋

京都大学における農業経済学のミクロ経済学による理論化は，大槻によってその先鞭がつけられた．それを引き継いだのが，田中修と中嶋千尋である．

まず，田中修は，高田保馬の系譜に連なる森嶋通夫と市村真一からミクロ経済学を学んだ．そして，1951（昭和26）年にチャヤーノフ理論をミクロ経済学，とりわけヒックスの『価値と資本』の枠組みで理論化した「農家経済活動の分析」を発表した[48]．これが，農家主体均衡論の原型となった論文である．

前項で取り上げた大槻の『農業労働論』の基本的なフレームワークは，ジェボンズの限界効用概念である．その後，経済学は，ワルラス，マーシャルなどの均衡分析の影響力が大きくなり，その集大成のひとつがヒックスの研究であった．田中は，ヒックスによって精緻化された，生産者理論と消費者理論を用いることによって，生産・消費・労働供給の単位がひとつである農家の経済学分析に大きな一歩を踏み出したのである．それは，チャヤーノフ理論から出発し，効用の最大化を目指して生産面の決

---

[45] 大槻(1938)，序，p.3，大槻正男一学と人一刊行会(1981)，224．
[46] 1931-41年の農家経済調査は，この二つを明確に分けている．
[47] なお，フィッシャーの著作を学んだことが，大槻の農家簿記研究に対して与えた影響の具体的な考察については，今後の課題としたい．
[48] 田中(1951)．のちに田中(1967)第1章に所収．

定を行うモデル，すなわち生産者理論と消費者理論を結合したモデルとして結実したことを意味する[49]．

以上のように，チャヤーノフ理論のミクロ経済学による理論化は田中によって行われた．そして，後述するように，農家主体均衡論としての本格的展開は，兄弟子の中嶋千尋によってすすめられた．中嶋も森嶋からヒックス理論を学んだ．特に，中嶋に関しては，同僚の森嶋から頻繁に教えを受けたことが，農家主体均衡論の形成にとって大きな役割を果たした，と本人は述べている[50]．

そして，田中および中嶋の研究は，現在のハウスホールド・モデルの説明でも，時に引用されることがある[51]．中嶋自身も，自らの研究の集大成において，農家主体均衡論が，農業に限らず，他の産業部門のハウスホールドの分析にも適用されることを望んでいる．

「『企業・労働者家計・消費者家計の複合体』としての経済主体は，農業部門だけにあるのではなく，他の産業部門にも多く存在する．とりわけ発展途上国の経済においては，全産業を通じてこの『複合体』（いわゆる個人企業）が圧倒的な数と重要性をもつ．そして本書の第9章までの分析は，農業以外の産業部門における『複合体』にも当てはまるものである．したがって本書が，今後における発展途上国問題研究のための1つの基礎理論を提供するものであることを，私は切に願っている．[52]」

6.7 農家主体均衡論からハウスホールド・モデルへ
6.7.1 農村の偽装失業論とTEA会

チャヤーノフの小農世帯モデルを理論化した農家主体均衡論が，現在のハウスホールド・モデルに影響を与えるにあたって，二つの要因があったと考えられる．第一は，

---

[49] 農家主体均衡論の内容は，田中(1967)，中嶋(1983)を参照．また，その後の展開については，頼(1978)，石田(1996)をそれぞれ参照のこと．
[50] 中嶋(1983)，pp.1-7, 343-349．
[51] Singh, Squire and Strauss eds, (1986)を参照．なお，この点の詳細については，6.3を参照のこと．
[52] 中嶋(1983)，p.4．

この理論の日本国内での近代経済学系の農業経済学者への受容のあり方，第二は，海外への伝播の過程である．

　日本の農業経済学において近代経済学に基づく分析は，戦前期にはあまり一般的ではなかった．また戦後数年間は，マルクス経済学の影響が農業経済学においても圧倒的であった．しかし，農業経済学においても近代経済学に基づく研究の必要性が認識され，1952（昭和27）年には大川一司を中心として，Theoretical Economics and Agriculture，略してTEA会が設立された[53]．

　日本の農業経済学には，一つの大きな研究テーマが存在した．それは，明治以降の工業化の進展と共に，農業部門の余剰労働力をいかにして工業部門の労働力へ転換するか，というものである．すなわち，農村における過剰就業問題，別の言い方をすると偽装失業問題である．この問題について，大川一司らが積極的に取り組んだ[54]．そして，農家主体均衡論を作り上げた田中修と中嶋千尋は，TEA会において積極的に報告をしている．たとえば，「小農社会の均衡理論」（中嶋，1954年），「二部門経済の巨視的分析」（田中，1958年），「農業における生産関数」（中嶋，1960年），「封建経済における定率地租と農家の主体均衡」（中嶋，1965年），「二部門の所得不均衡成長について」（田中，1965年）などである[55]．さらに中嶋は，京都大学において「関西TEA会」を毎月1回開催していた[56]．

　TEA会における議論は，農家主体均衡論の展開にとって，大きな役割を果たしたと考えられる．例えば，中嶋(1957)のタイトルは，TEA会での議論を窺える「過剰就業と農家の理論」である．また，この会の会員には，のちに日本の開発経済学の担い手となった，石川滋，速水佑次郎，鳥居泰彦，原洋之介などが名を連ねており，石川と速水による「開発経済学の新方向」という講演も開催された[57]．

---

[53] 逸見・梶井(1981), pp.256-266, TEA会記念事業準備委員会(1972), pp.120-122. なお，TEA会は学術団体ではないが，インターカレッジ組織として現在も活動している．詳細は，泉田編(2005)，TEA会記念事業準備委員会(1972), TEA会(1996)を参照のこと．
[54] 原(2006),第Ⅲ部．
[55] TEA会記念事業準備委員会(1972), pp.121-132.
[56] 中嶋(1996), pp.74-75.
[57] TEA会記念事業準備委員会(1972), TEA会(1998).

第6章 戦前日本の農家経済調査の形成とその現代的意義について

6.7.2 日本の開発経済学の形成：TEA会とThe Agricultural Development Council

　つづいて，日本で形成された農家主体均衡論が海外へ紹介される過程をみることにしたい．まず，第二次世界大戦後の開発経済学の流れを，絵所秀紀の整理から確認しておこう．開発経済学は，1940年代後半から60年代前半にかけて，「構造主義」すなわち途上国の経済が先進国の経済とは構造的に異なっており，その結果「北」と「南」の格差が拡大する，ということを論じた．そして，1960年代後半になると，「構造主義」に対する批判から，開発経済学は「第1のパラダイム転換」を経て，「構造主義」から，「新古典派アプローチ」，「改良主義」，「従属論（新マルクス主義）」の三つの潮流に分かれ，「新古典派アプローチ」が1970年代から80年代にかけて主流となった．

　1980年代後半になると，「新古典派アプローチ」が批判の対象となり，開発経済学は「第2のパラダイム転換」を経験する．そして，「新しい開発の経済学」，「新制度派アプローチ」，「新しい成長のモデル」，「潜在能力アプローチ」が生れてきた[58]．

　さて，さきに述べたTEA会は，現在の日本を代表する開発経済学者を擁している．では，なぜ農業経済学の研究組織が，開発経済学の問題に取り組むようになったのか．TEA会の50周年記念誌において泉田洋一は，次のように述べている．すなわち，第二次世界大戦後，日本における近代経済学的な農業・農村分析は，農村の貧困問題の分析から始まった．農村の貧困問題をもたらす要因は，農民の低所得と農業の低生産性という媒介項をへて，「農村過剰就業」の問題に結びつく．現在の発展途上国における農村の貧困問題がそうであるように，当時の日本の農村労働力の過剰就業（偽装失業のこと）が貧困の規定要因であることが認識されていた[59]．

　鳥居泰彦によれば，この農村の偽装失業問題の嚆矢は，モスクワ大学グループによる帝政ロシア末期の農村過剰人口の計算であるとされている．そして，本格的な分析は，1920年代，30年代に，J.L.バック（中国農家の過剰就業論研究）が中国で大規模な農家経済調査を行い，そのデータを分析した中国農家の過剰就業論であった．その後，1930年代から40年代にかけて，世界各国の低開発地域が最低生存費均衡の状態にあることを示すための実証研究として，偽装失業の測定が盛んに行われた．その結果，ア

---

[58] 絵所(1997), pp.1-4.
[59] 泉田編(2005), pp.1-3.

ジアから東部ヨーロッパにかけて，農業地帯に大量の過剰労働力が存在することが判明した[60]．

　TEA会が創設された時期は，開発経済学における「構造主義」の考えが主流であり，その主要なテーマの一つである偽装失業は，大川一司によって取り上げられた．泉田によれば，この問題が日本の農業経済学と開発経済学とつなぐ輪であった．よって，ここから，日本の開発経済学が出発してきたといっても良いであろう．次の問題は，日本の農業経済学および開発経済学が，世界とどのような関係を結ぶことになったのであろうか．そのつながりを生み出した要因の一つとして，アメリカのある財団を取り上げることにしよう．

　日本の農業経済学および開発経済学は，ロックフェラー3世を理事長とする財団The Agricultural Development Council（以下，ADCとする）と深い関係があった[61]．この財団は，1953年にThe Council on Economic and Cultural Affairsとして設立され，その後ADCと改称し，1985年に他の組織と合併している．ADCは，アジアにおける農業発展の実証研究のためのリサーチプログラムや，アジア諸国から留学のためのフェローシップなどを行っていた．ADCは，設立当初，すなわちJ.L.バックがディレクターであった時から，日本に関して特別の関心を抱いていた．そして，第2代のディレクターであるA.B.ルイスは，北海道大学，東京大学，京都大学，九州大学，それぞれの農学部においてアメリカの研究者によるセミナーを開催し，そこに日本の研究者が参加した．

　では，日本の研究者とADCがどのような関係を持っていたか，さきのTEAとのつながりで示そう．具体的には，ADCのフェローシップによって留学した研究者とTEA会のメンバーとの名寄せを行った．その結果，ADCフェローシップ留学者49人のうち，約3分の1にあたる16人がTEA会の会員であった[62]．一方，日本もADCフェローシップでの留学生を受け入れ，例えば韓国からの留学は，京都大学，九州大学が受け入れ先

---

[60] 鳥居(1979), pp.179-181.
[61] 以下，本稿におけるADCの活動についての記述は，Stevenson and Locke., eds., (1989)にもとづくものである．
[62] TEA会記念事業準備委員会(1972), pp.134-140に記載された会員名簿と，Stevenson and Locke., eds., (1989), pp.203-204に記載された日本からのADCフェローシップ該当者氏名より算出．

となっていた[63].

6.7.3 農家主体均衡論の海外への紹介:ADCと中嶋千尋

いま，日本のTEAがアメリカのADCと結びついていたことをみてきた．TEAの中でも京大は，独自の動きを示した．そのひとつとして，現在，農家経済調査が保管されている「農業簿記研究施設」[64]の設立に際し，J.L.バックを通じてADCから援助を受けていた[65].

ここでは，ADCと京大との関係を考察する．はじめにADCフェローシップに占める京大関係者の割合を確認しておこう[66]．ここでいう京大関係者とは，京大の教員，および京大で学位を取得した人物をさす．その結果，日本のADCフェローシップ49人の約4分の1である12人が京大関係者であった．また，京大関係者・TEA会員・ADCフェローシップの3つを兼ねたのは6人であり，その中の1人が，農家主体均衡論を『企業・家計複合体の理論』（1984年）に発展させた丸山義皓であった．

数字の上でも京大とADCとの繋がりをみることが出来る．そして，ADCが農家主体均衡論の海外への紹介に際して，非常に重要な役割を果たしたのである．

京大の大槻正男の弟子である，田中修と中嶋千尋が農家主体均衡論を生み出したことを先に述べた．1959年にADCは北海道大学農学部でセミナーを主催したが，中嶋はそこで農家主体均衡論を報告した．その後，彼は1961年オハイオ州立大学でのセミナーにおいても農家主体均衡論を報告している．そののちメキシコで開催された第11回国際農業経済学会において，中嶋はADC幹部のC.R.ワートンと出会った．ワートンはオハイオでの中嶋の報告について別の研究者から聞き，その内容に関心をもって中嶋を訪ねたのである．その後，ワートンが1965年にハワイ大学で"Conference on Subsistence and Peasant Economics"という会議を主催し，これに中嶋も参加し

---

[63] Stevenson and Locke., eds., (1989), pp.57-58. なお，アジアから最初に選出されたADCの委員は，TEA会員の逸見謙三東京大学教授であった(Stevenson and Locke., eds., (1989), p.58).
[64] 現在，一橋大学経済研究所附属社会科学統計情報研究センターが，京都大学大学院農学研究科生物資源経済学専攻の協力を得，農家経済調査個票から各府県のパネルデータを編成している原資料もここに保管されている．
[65] バックを京大の大槻に紹介したのは，東畑精一である（東畑(1981))．ADCと「農業簿記研究施設」との関係の詳細については，桑原(1967)，桂(1993)を参照のこと．また，後に「京大式簿記」は，英訳され，FAOの会議を通じて海外に知られるようになった(阿部(1981), pp.223-227). なお，海外での「京大式簿記」受容については，尾関(2013b)で述べた．
[66] 算出方法は，註62に同じ．

た[67].

　この会議に先立つ，1950年代後半から60年代のアメリカにおいて，農業部門におけるミクロ理論モデルと実証の試みが，A.セン，D.W.ジョルゲンソン，J.メラーたちによって始められた．これらがハウスホールド・モデルの重要な起源の一つである．その後，スタンフォード大学，世界銀行などで，ハウスホールド・モデルの研究が集中的に進められた[68]．一方，6.2で述べたように日本の農家主体均衡論は，田中(1951)，中嶋(1957)によって，理論化が進められてきた．

　以上のことは，後にハウスホールド・モデルとして集成する研究が，日本とアメリカの双方で同時期にその始まりを迎えつつあったことを示しているといえるだろう．

　さて，ワートン主催の会議には，N.ジョルジェスク・レーゲン，T.W.シュルツ，H.ミント，R.クリシュナ，D.W.ジョルゲンソン，そしてチャヤーノフ『小農経済の原理』を英訳したD.ソーナーなど，開発経済学の第一人者たちが出席していた[69]．会議においては，主に小農研究に関するアイディアの交換が行われ，最近の理論的，応用的研究をそれぞれの研究者たちが議論をおこない，ADCの研究プログラムで最も顕著な成果をあげた[70]．ここで注目したいのは，この会議において，中嶋が農家主体均衡論を報告したことである．1969年にはこの会議の論文集が，"Subsistence Agriculture and Economic Development"（Wharton.ed(1969)）というタイトルで刊行され，農家主体均衡論(Nakajima(1969))が世界へ発信されるひとつの契機となったのである[71]．

6.8　まとめにかえて：農家経済調査とハウスホールド・モデルによる実証研究

　本章では，日本の農家経済調査の形成と変遷，およびその背後から生れた農家主体均衡論との関係を述べてきた．それは，明治以降の日本の農業経済学，農家簿記，そ

---

[67] 中嶋(1983)，pp.350-351．
[68] 黒崎(2001)，pp.18-20．Singh,Squire and Strauss.eds.,(1986),pp.79-81．
[69] Wharton ed. (1969).
[70] Stevenson and Locke.,eds,.(1989),pp.95-97．
[71] 中嶋は，この論文が，大槻『農業労働論』，チャヤーノフ『小農経済の原理』，ヒックス『価値と資本』の影響を受けている，と述べている(Nakajima(1969),p.165)．そして，彼の研究の集大成である中嶋(1983)の英訳版，Nakajima(1986)の刊行もまた，農家主体均衡論の世界への発信の契機となったであろう．

第6章　戦前日本の農家経済調査の形成とその現代的意義について

して大槻正男による農業経済学の形成と密接な繋がりをもっていた．第二次世界大戦後には，開発経済学の発展とともに，田中と中嶋によって形成された農家主体均衡論が世界へ発信された．この農家主体均衡論の基本的な考えは，ハウスホールド・モデルの集成に影響をあたえた．

　最後に農家経済調査と農家主体均衡論との関係について，次の点を述べ，まとめにかえる．

　戦前日本の農家経済調査は，無作為抽出ではなくいわゆる「有意抽出」であり，また十分な標本数を持っていない．一方，戦後には，無作為抽出による標本数も多い農家経済調査が実施された．しかし，これまで個票での利用ができなかった．この制限のため，日本の農家主体均衡論に関係した実証研究では，主としてマクロの時系列や階層化・地域区分されたセミマクロのクロスセクションのデータを利用していた．

　現代の経済学の実証研究では，ミクロのパネルデータを用いた分析が影響力をもっている．よって，戦前日本の農家経済調査をミクロのパネルデータ化する価値は，非常に高いと思われる．加えて，本章6.2で述べたように，このデータは，現金と現物の双方を調査しているので，非市場的な経済活動の分析，そして，生産の単位と消費の単位そして労働供給の単位が一つであるような世帯の分析を可能とする．このような性質を有するデータを，農家主体均衡論をその源流のひとつとするハウスホールド・モデルをもちいて，発展途上にあった戦前日本のハウスホールド，すなわち農家の分析を行い，現代の途上国と比較することは，かなり実りのある研究を生み出すであろう[72]．その基盤になるのが，戦前日本の農家経済調査なのである[73]．

　以上，戦前日本の農家経済調査の形成過程を検討してきた．そこでは，徳川日本と明治日本の租税賦課方式の変化，すなわち租税賦課の対象を「五人組」という村を単位としたものから，地租改正後には「農家」という家を単位にしたものに変化したものであったこと．そして，第1部で検討した町村是と農家経済調査との間には，斎藤

---

[72] 開発経済学者からの経済史へのアプローチは，原(2002)，絵所(2002)を参照．とくに原(2002)のタイトルには，「日本の経験」を掲げている．
[73] 経済史においては，斎藤(1998)，沼田(2001)，友部(2007)が，戦前期の農家経済調査および近世期の資料などを用いて，チャヤーノフ理論の実証研究を行っている．特に友部(2007)は，「主体均衡」をサブタイトルに掲げている．今後の研究においても，まず，これらが参照されるべきである．

萬吉を介して密接なつながりがあることを明らかにした．

　さらに戦前日本の農家経済調査の形成には，小農経済分析の祖であるロシアのチャヤーノフを起源とし，その背後にある経済学からは農家主体均衡論が生まれ，それは現在の開発経済学における分析ツールの一つであるハウスホールド・モデルの源流の一つとなったのである．そのため，戦前日本の農家経済調査の分析，それは途上国であった「日本の経験」を明らかにするものでもあり，現代の途上国へのひとつのメッセージを有するという意味では，現代的意義を持ち合わせるのである．

　さて，本章では戦前期農家経済調査の全体像について議論してきたが，現在，一橋大学経済研究所では，戦前期農家経済調査のうち，1931(昭和6)-41(昭和16)年の農家経済調査個票をデータベース化編成作業が進められている．そこで，次章ではそのデータを利用した消費分析の分析にについて論じたい．

第7章　1931(昭和6)-41(昭和16)年の農家経済調査
　　　　：その内容と消費分析の可能性について[1]

7.1 はじめに

　本章は前章で検討した戦前期日本の農家経済調査のうち，1931(昭和6)-41(昭和16)年の農家経済調査について，その調査項目と内容，そして実際にデータを用いた分析の可能性について論じた．具体的には，第一に，現在，一橋大学経済研究所附属社会科学統計情報研究センターが，京都大学大学院農学研究科生物資源経済学専攻の協力を得，データベース化を進めている，1931(昭和6)-1941(昭和16)年の農家経済調査の内容を説明する．第二に，このデータを使った分析可能性について，農家の食料消費推計を例に検討をすすめた．

7.2　1931-41年の第4期農家経済調査について[2]
7.2.1　戦前期農家経済調査において1931-41年調査が占める位置

　ここで取り上げる1931-41年の第4期調査の調査方式は，第3期調査の継続ではなく，ふたたび第2期調査に戻った，といわれている．その理由は，農業経営の収支計算における自給現物，すなわち中間生産物の取り扱いによるものである．その詳細について，すこし長くなるが，原典よりその内容を確認しよう．

　　「大正十三年度乃至昭和五年度は農業経営の収支取纏に当り堆肥，厩肥，緑肥，種苗等の如き自家生産物にして再び農業生産に使用せらるる所謂自給現物(又は中間生産物と称す)も収入及支出に計上せるも本年度調査より之を収支共に計上せざることとせり．大正十年乃至大正十二年度調査に在りても本年度と同じく中間生産物は計上せざりしも，大正十三年度より之を計上することとせるものにして，今回再び之を計上せざることとしたるは之等中間生産物は一見甚明なるが如くなれども，事実は之に反し複雑不明瞭なるものにして，若し之を計上するとき

---

[1] 本章は，農家家計経済の優れた分析である神崎(1955)に続く研究を進めるための考察でもある．
[2] 戦前日本の農家経済調査の概観については，本書第6章6.3を参照．

は同一物が形態を変え数回反復計上せらるることとなるを以て，記帳極めて複雑となり為に記帳の不備，報告の遅延を来し調査上不便少なからざるのみならず，之等の評価甚困難にして正確を期し難く，而も之を計上するもせざるも農業所得の計算に何等関係なきものなるを以て，調査戸数の増加を機とし之を計上せざることとせり．但し之等中間生産物は別に調査する予定なり．[3]」

　このように第2期期調査から第4期調査にかけて，中間生産物の取り扱いをめぐって大きな変更が行われた．これは，第2期調査から第4期調査にかけて，農業経営費の概念が異なることを示す．この点は農家経済調査史上においてもすでに議論がされているので，本章ではこの問題に立ち入ることはしない[4]．だが，農家経済調査の分析，特に時系列で分析をする際，この点は非常に重要なので注意が必要である．ここでは中間生産物としての現物を取り上げたが，次項では消費としての現物の取扱いについて触れておきたい．

7.2.2　農家経済調査における現物消費の取扱について

　農家経済調査における現物消費について，農林省の調査要綱（以下，本書では，その復刻版である一橋大学経済研究所附属社会科学統計情報研究センター編（2008）を使用する）を確認すると，第1期から第3期にかけては，管見の限り記載されていない．そして，第4期調査において，現物消費について記載されている．まず，現物の定義からみていこう．

「現物は一回の利用により全然形態を消滅し又は同一利用目的に再び使用すること能わざるに至るものとす．たとえば種苗，肥料，飼料，加工原料，燃料，飲食物，販売用の物の如きものをいう．[5]」

　このように現物は，一回の利用により完全に使い尽くしてしまうものである．ここ

---

[3] 農林省経済更生部(1934)，p.7．
[4] 稲葉編(1953)，農林省統計情報部・農林統計研究会編(1975)などを参照．
[5] 一橋大学経済研究所附属社会科学統計情報研究センター編(2008)，p.212．

では，前項でみた中間生産物である肥料をはじめ種苗，飼料，加工原料，燃料，そして飲食物が掲げられている．

まず，現物の受入は，小作料，貰い物，現金などである．とくに生産物を受取るときの価格は，庭先価格であることに注意が必要である．一方，現物の払出は，生産物および貰い物を，農業，兼業，家事のそれぞれに仕向けることである．そして，自家生産は庭先相場によることであることは，現物の生産物受入と同様である．

この現物消費については，後に述べる覚帳，現物受払表でその受払いが記録され，その後，農家経済調査整理簿，農家経済調査結果表として整理され，「農家経済調査(報告)」として刊行された．

7.2.3 第4期農家経済調査の対象となった農家について

7.2.3.1 調査対象世帯の地域的分布

さて，第4期調査がそれまでの農家経済調査と大きく異なる点は，まず調査対象世帯の規模である．第2期および第3期までの調査対象世帯は，全国で各道府県9戸を調査する世帯と2戸を調査する世帯であった．それに対し，第4期の農家経済調査は，9戸調査の道府県は第3期農家経済調査と同数であった．しかし，それまで2戸調査が行われていた府県では，3倍の6戸を調査対象とすることになった．これにより，調査戸数は一挙に342戸に増加した．具体的な調査世帯数は，表7.1に示したとおりである．

表7.1 第4期農家経済調査の府県別調査対象世帯数

地方別	9戸調査の府県	6戸調査の府県
北海道地方		北海道
東北地方	岩手　秋田　福島	青森　宮城　山形
関東地方	茨城　栃木　神奈川	群馬　埼玉　千葉　東京
北陸地方	新潟　福井	富山　石川
中部地方	長野　岐阜　静岡　三重	山梨　愛知
近畿地方	京都　兵庫	滋賀　大阪　奈良　和歌山
中国地方	山口	鳥取　島根　岡山　広島
四国地方	徳島　愛媛	香川　高知
九州地方	福岡　長崎　宮崎	佐賀　熊本　大分　鹿児島　沖縄
	1府19県	1道2府24県

出典：農林省経済更生部(1934)『農家経済調査(昭和六年度)』, p.1.

表7.1は,地方別に9戸調査の府県と6戸調査の府県を掲載している.

はじめに,各地方別に9戸調査の府県をみていくと,北海道地方(なし),東北地方(岩手県・秋田県・福島県),関東地方(茨城県・栃木県・神奈川県),北陸地方(新潟県・福井県),中部地方(長野県・岐阜県・静岡県・三重県),近畿地方(京都府・兵庫県),中国地方(山口県),四国地方(徳島県・愛媛県),九州地方(福岡県・長崎県・宮崎県)の1府19県である.

つづいて,6戸調査の道府県は,北海道地方(北海道),東北地方(青森県・宮城県・山形県),関東地方(群馬県・埼玉県・千葉県・東京府),北陸地方(富山県・石川県),中部地方(山梨県・愛知県),近畿地方(滋賀県・大阪府・奈良県・和歌山県),中国地方(鳥取県・島根県・岡山県・広島県),四国地方(香川県・高知県),九州地方(佐賀県・熊本県・大分県・鹿児島県・沖縄県)の1道2府24県である.

9戸調査の府県と6戸調査の府県を各地方別にみていくと,中国地方での9戸調査が,山口県のみである他は,各地方とも9戸調査と6戸調査が比較的バランスよく配置されているように思われる.

7.2.3.2 調査対象の農家世帯について

第4期(1931-41年)の農家経済調査の対象世帯は,第一種農家および第二種農家に分類される.それは,はじめに調査対象となる市町村の農家平均一戸当たりの耕作面積の15割未満の耕作地(田畑)を耕作する農家から選定する.そして,つぎにこの選定された農家をその耕作面積の広狭によって,第一種と第二種に区分した.第一種農家は,調査対象となる市町村の農家平均一戸当たりの耕作面積の7割以上を耕作する農家のことである.また,第二種農家については,調査対象となる市町村の農家平均一戸当たりの耕作面積の7割未満の耕作地(田畑)を耕作する農家から選定する.

ここで,1931(昭和6)年について,調査農家を耕作面積の広狭によって分類した表7.2から,道府県別の調査対象世帯について確認しておこう.この表7.2から,調査対象世帯の耕作地規模が判明するからである.

表7.2は表頭に調査対象世帯の耕作地について,5反未満,5反以上1町未満,1町以上1.5町未満,1.5町以上2町未満,1.5町以上2町未満,2町以上2.5町未満,2.5町以上3町未満,3町以上3.5町未満,3.5町以上4町未満,4町以上4.5町未満,4.5町以上5町

第7章　1931(昭和6)-41(昭和16)年の農家経済調査

未満，5町以上，の11段階に区分がなされている（なお，表頭のxは，面積の単位である「町」を表している）．そして，各道府県の調査世帯は，これら耕作地のいずれかに該当している．表7.2は，パネルAに全国の合計値と割合を示し，パネルBに各地方別の合計値と割合を示した．

表7.2 耕作面積の広狭による調査世帯の分類(1931年)

(単位：町)

1931年	x<0.5	0.5≦x<1	1≦x<1.5	1.5≦x<2	2≦x<2.5	2.5≦x<3	3≦x<3.5	3.5≦x<4	4≦x<4.5	4.5≦x<5	5≦x	計
A 全国												
計	16	123	99	59	19	3	5	4	2	1	3	334
割合	4.8%	36.8%	29.6%	17.7%	5.7%	0.9%	1.5%	1.2%	0.6%	0.3%	0.9%	100.0%
B 地方別												
北海道地方												
計	0	0	0	0	0	0	0	1	2	0	3	6
割合	-	-	-	-	-	-	-	16.7%	33.3%	-	50.0%	100.0%
東北地方												
計	1	6	9	13	5	2	4	2	0	0	0	42
割合	2.4%	14.3%	21.4%	31.0%	11.9%	4.8%	9.5%	4.8%	-	-	-	100.0%
関東地方												
計	0	14	15	12	5	0	1	0	0	1	0	48
割合	-	29.2%	31.3%	25.0%	10.4%	-	2.1%	-	-	2.1%	-	100.0%
北陸地方												
計	0	4	14	10	1	1	0	0	0	0	0	30
割合	-	13.3%	46.7%	33.3%	3.3%	3.3%	-	-	-	-	-	100.0%
中部地方												
計	2	22	14	5	4	0	0	1	0	0	0	48
割合	4.2%	45.8%	29.2%	10.4%	8.3%	-	-	2.1%	-	-	-	100.0%
近畿地方												
計	1	23	14	1	2	0	0	0	0	0	0	41
割合	2.4%	56.1%	34.1%	2.4%	4.9%	-	-	-	-	-	-	100.0%
中国地方												
計	2	13	13	4	0	0	0	0	0	0	0	32
割合	6.3%	40.6%	40.6%	12.5%	-	-	-	-	-	-	-	100.0%
四国地方												
計	5	15	4	5	1	0	0	0	0	0	0	30
割合	16.7%	50.0%	13.3%	16.7%	3.3%	-	-	-	-	-	-	100.0%
九州地方												
計	5	26	16	9	1	0	0	0	0	0	0	57
割合	8.8%	45.6%	28.1%	15.8%	1.8%	-	-	-	-	-	-	100.0%

註)1931年度『農家経済調査』より、筆者作成。なお、表頭のxは、面積の単位「町」を表す。

はじめにパネルAの全国から，調査対象世帯の耕作地別の戸数と全体に占める割合を確認していこう．先に見たように第4期調査の対象となる農家世帯は，全国で342世帯である．しかし，まず確認できることは，調査対象世帯の耕作地が，すべての区分に1世帯はふくまれている．つぎに，調査対象世帯の耕作地は，5反以上から2町未満で全体の85%弱を占めており，5反未満から2.5町未満まで5区分で95%弱を占める．これは，2.5町以上の6区分が，5%強を占めるに過ぎないことを示すものである．つづいて，パネルBから地方別の耕作地規模を確認していこう．

- 149 -

北海道地方は，すべての調査世帯が3.5町以上であり，5町以上の農家世帯が3戸調査対象となっている．このため，全国の平均を算出するときは，北海道および沖縄県の調査農家は，別途，取扱われた[6]．東北地方は，5反未満の農家から，4町未満の農家まで幅広く確認できるが，その中心は，1町以上2町未満であった．つぎに関東地方は，1町以上1.5町未満の農家世帯がほぼ半数を占めており，その区分を含む5反から2町未満の耕作地の農家世帯が，85％強をしめている．北陸地方は，1町以上1.5町未満が全体の半分弱である46.7％をしめているが，つづく1.5町以上2町未満も全体の三分の一である33.3％である．中部地方は，5反から1町未満が45.8％と全体の半分を占めているが，1世帯のみ3.5町以上4町未満が存在する．以下，近畿地方，中国地方，四国地方，九州地方ともに5反以上1町未満の割合が最も多い．

　以上のように，第4期農家経済調査の対象世帯は，5反から2町未満の耕作地を有する世帯が，その大部分を占めていた．

　そして，第4期調査から明確に自作農，自作兼小作農（以下，自小作農とする），小作農について区分したが，その基準は次の通りである．

　　自作農　　：耕作地の8割以上を所有
　　小作農　　：耕作地の8割以上を借入
　　自小作農：耕作地の所有が，自作農および小作農の規定から外れる農家

　先の表7.2に示した耕作地面積において，それぞれ自作農・自小作農・小作農に区分されていたのである．なお，1936年および1941年についても表7.2に準じた表を作成した．これらを付表として示すので参照されたい．

---

[6] 農林省経済更生部(1934)，p.6.

− 150 −

第7章　1931(昭和6)-41(昭和16)年の農家経済調査

付表7.a　耕作面積の広狭による調査世帯の分類(1936年)

(単位:町)

1936年	x<0.5	0.5≦x<1	1≦x<1.5	1.5≦x<2	2≦x<2.5	2.5≦x<3	3≦x<3.5	3.5≦x<4	4≦x<4.5	4.5≦x<5	5≦x	計
A 全国												
計	8	85	114	43	19	5	7	1	0	0	2	284
割合	2.8%	29.9%	40.1%	15.1%	6.7%	1.8%	2.5%	0.4%	0.0%	0.0%	0.7%	100.0%
B 地域別												
北海道地方												
計	0	2	0	0	0	0	1	1	0	0	2	6
割合	-	33.3%	-	-	-	-	16.7%	16.7%	-	-	33.3%	100.0%
東北地方												
計	0	3	13	8	5	3	6	0	0	0	0	38
割合	0.0%	7.9%	34.2%	21.1%	13.2%	7.9%	15.8%	-	-	-	-	100.0%
関東地方												
計	0	7	18	11	5	2	0	0	0	0	0	43
割合	-	16.3%	41.9%	25.6%	11.6%	4.7%	-	-	-	-	-	100.0%
北陸地方												
計	0	5	13	4	4	0	0	0	0	0	0	26
割合	-	19.2%	50.0%	15.4%	15.4%	-	-	-	-	-	-	100.0%
中部地方												
計	3	14	16	5	3	0	0	0	0	0	0	41
割合	7.3%	34.1%	39.0%	12.2%	7.3%	-	-	-	-	-	-	100.0%
近畿地方												
計	1	16	16	2	0	0	0	0	0	0	0	35
割合	2.9%	45.7%	45.7%	5.7%	-	-	-	-	-	-	-	100.0%
中国地方												
計	2	13	9	3	0	0	0	0	0	0	0	27
割合	7.4%	48.1%	33.3%	11.1%	-	-	-	-	-	-	-	100.0%
四国地方												
計	2	10	8	5	0	0	0	0	0	0	0	25
割合	8.0%	40.0%	32.0%	20.0%	-	-	-	-	-	-	-	100.0%
九州地方												
計	0	15	21	5	2	0	0	0	0	0	0	43
割合	-	34.9%	48.8%	11.6%	4.7%	-	-	-	-	-	-	100.0%

註)1936年度『農家経済調査』より、筆者作成。なお、表頭のxは、面積の単位「町」を表す。

付表7.b 耕作面積の広狭による調査世帯の分類(1941年)

(単位:町)

1941年		x<0.5	0.5≦x<1	1≦x<1.5	1.5≦x<2	2≦x<2.5	2.5≦x<3	3≦x<4	4≦x<5	5≦x	計
A 全国	計	7	87	126	59	23	4	4	1	5	316
	割合	2.2%	27.5%	39.9%	18.7%	7.3%	1.3%	1.3%	0.3%	1.6%	100.0%
B 地域別											
北海道地方	計	0	0	0	0	0	0	0	1	5	6
	割合	-	-	-	-	-	-	-	16.7%	83.3%	100.0%
東北地方	計	0	1	12	11	6	3	4	0	0	37
	割合	-	2.7%	32.4%	29.7%	16.2%	8.1%	10.8%	-	-	100.0%
関東地方	計	0	8	10	19	7	1	0	0	0	45
	割合	-	17.8%	22.2%	42.2%	15.6%	2.2%	-	-	-	100.0%
北陸地方	計	0	4	16	5	5	0	0	0	0	30
	割合	-	13.3%	53.3%	16.7%	16.7%	-	-	-	-	100.0%
中部地方	計	1	15	18	7	4	0	0	0	0	45
	割合	2.2%	33.3%	40.0%	15.6%	8.9%	-	-	-	-	100.0%
近畿地方	計	1	14	25	1	0	0	0	0	0	41
	割合	2.4%	34.1%	61.0%	2.4%	-	-	-	-	-	100.0%
中国地方	計	1	17	8	3	1	0	0	0	0	30
	割合	3.3%	56.7%	26.7%	10.0%	3.3%	-	-	-	-	100.0%
四国地方	計	2	9	14	4	0	0	0	0	0	29
	割合	6.9%	31.0%	48.3%	13.8%	-	-	-	-	-	100.0%
九州地方	計	2	19	23	9	0	0	0	0	0	53
	割合	3.8%	35.8%	43.4%	17.0%	-	-	-	-	-	100.0%

註)1941年度『農家経済調査』より、筆者作成。なお、表頭のxは、面積の単位「町」を表す。

7.3 調査対象世帯と全国平均について

　第4期農家経済調査は，各農家での集計が終了したあと，農林省において，全国の調査農家の値を集計し，全国平均値を算出する．そして，その算出された計数をもって，「農家経済調査(報告)」として刊行されたのである．

　第4期農家経済調査は，全国で各年度342戸調査されたことは先に述べた．そして，その地域的分布を表7.1で，耕作面積の広狭を表7.2から確認してきた．ここでは，実際に記帳がすみ，農林省で全国平均を算出するために用いられた農家戸数を確認しよう．この作業が意味することは，選定された農家がどの程度精確に記帳を行ったか，その事実を確認する作業でもある．その結果を表7.3に示した．

表7.3 調査農家戸数のうち，全国平均に採用した農家

(単位:戸)

	第一種				第2種				計(総農家)				割合
	自作農	自小作農	小作農	合計	自作農	自小作農	小作農	合計	自作農	自小作農	小作農	合計	
1931	77	74	63	214	24	25	25	74	101	99	88	288	84%
1932	71	73	65	209	28	28	28	84	99	101	93	293	86%
1933	72	69	62	203	31	30	30	91	103	99	92	294	86%
1934	70	70	62	202	31	32	33	96	101	102	95	298	87%
1935	65	72	63	200	33	34	33	100	98	106	96	300	88%
1936	61	78	62	201	27	28	28	83	88	106	90	284	83%
1937	63	78	63	204	25	30	32	87	88	108	95	291	85%
1938	63	80	55	198	19	24	29	72	82	104	84	270	79%
1939	58	81	48	187	32	36	37	105	90	117	85	292	85%
1940	65	66	52	183	32	40	42	114	97	106	94	297	87%
1941	64	74	45	183	36	48	49	133	100	122	94	316	92%
合計	729	815	640	2184	318	355	366	1039	1047	1170	1006	3223	86%

註)各年度『農家経済調査』より，筆者作成．

　表7.3は，調査世帯のうち，農林省での集計において全国平均を算出するために採用された世帯数である．その値を確認すると，1931-41年の11年間の平均は86％である．だが，1938年は78％と8割を下回る結果であった．しかし，全体としては，記帳の精度が高いものであったことが窺われるであろう．その理由として，記帳農家へ支払われた「調査手当」の影響も大きかったと思われる．それは，調査に伴い，農林省は各調査世帯に対し，調査手当金として年間20円を支給した．ただし，この額は全国統一ではなく，神奈川県，愛知県，京都府，愛媛県，福岡県では多く支払われた[7]．すなわち，愛知県と京都府では30円，神奈川県と愛媛県，そして福岡県では40円という，農林省が交付する金額の1.5～2倍に相当するものであった．

7.3.1 第4期農家経済調査における農家世帯の経済状態：その収入と支出

　第4期農家経済調査が実施された1931-41年は，昭和恐慌からの回復期から戦時経済へ入る時期でもあった．ここでは，当時の農村の経済状況を生産と支出の計数から確認しておきたい．すなわち，農産物物価指数と農村消費者物価指数の時系列の変化である[8]．

---

[7] 農林省経済更生部(1934)，p.126．
[8] なお，本章で使用する物価指数のデータは，基本的には大川他(1967)『長期経済統計8　物価』による．だが，大川他(1967)からは，農産物物価格指数は1941年，農村消費者物価指数は1939年以降について，その値を得ることができない．そのため，本論文では便宜的に，1931-38年は，大川他(1967)『長期経済統計8 物価』を用い，つづく39-41年は，農林省，東京帝国大学農学部，全国農業会による調査から推計された，一橋大学経済研究所編(1953)を利用した(大川他(1967)，p136，pp.166-167，一橋大学経済研究所編(1953)，pp.124-125)．これら指数は，1934-36年を100としているため，これら二つの指数を用いることにした．だが，この点は農村および農家の経済活動の分析に際して，改善する必要がある．

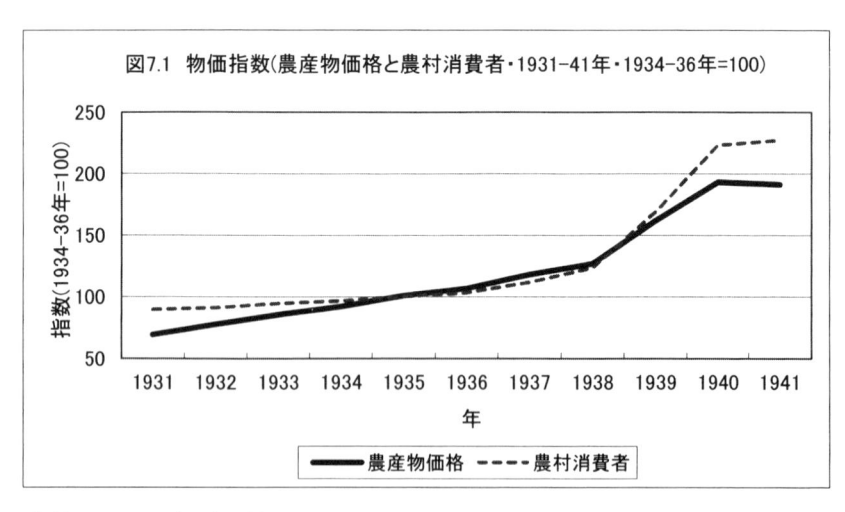

図7.1 物価指数(農産物価格と農村消費者・1931-41年・1934-36年=100)

資料：1)1931-37年：大川他(1967), p.136, pp.166-167.
　　　2)1938-41年：一橋大学経済研究所編(1953), pp.124-125.

　図7.1では，分析の対象となる期間である1931（昭和6）-41（昭和16）年までの，農産物価格および消費者物価を示している．そして，これらの指数を用いて，本章の分析に際しては，実質化を行った．

　図7.1の指数は，農家経済調査の対象期間のほぼ中間にあたる1934-36年を基準としている．はじめに農産物価格指数から見ていくと，1931年は，69.3であり，その後34年には92.2まで上昇し，35年に101になった．その後は上昇傾向を継続し，1938年には，127に，翌39年は162，そして41年には，191まで上昇した．このことから，この時期の農家の所得は，1931-36年は徐々に，そして36年以降急速に増加したことが伺える．

　つづいて農村消費者物価をみていくと，次の動きを示していた．すなわち，1931年の89.7から34年に96.7，35年に100になると，その後も上昇，38年には123，翌39年には169へと上昇し，41年には227へとさらに上昇した．それは，農産物価格の上昇を上回るものであり，農家世帯にとっては，恐慌からの回復傾向にありつつも，厳しい状況であったことがうかがえるであろう．そこで，次に農家の経済状況について確認する．

7.3.2 全国データによる農家総所得と家計費：自作・自小作・小作

　前項で見てきたように，1931-41年の農村経済は，回復傾向にあった．本項では，農家の総所得と家計支出の計数を検討することにより，この時期の農家経済の動向について，自作・自小作・小作の別に確認しよう．なお，ここでは，刊行された農家経済調査のデータ，すなわち全国の集計値を収集した，稲葉編(1953)に掲載されたデータを利用し，それを『累年成績』と表記する．また，各計数の値は前項の物価指数で実質化したものである．

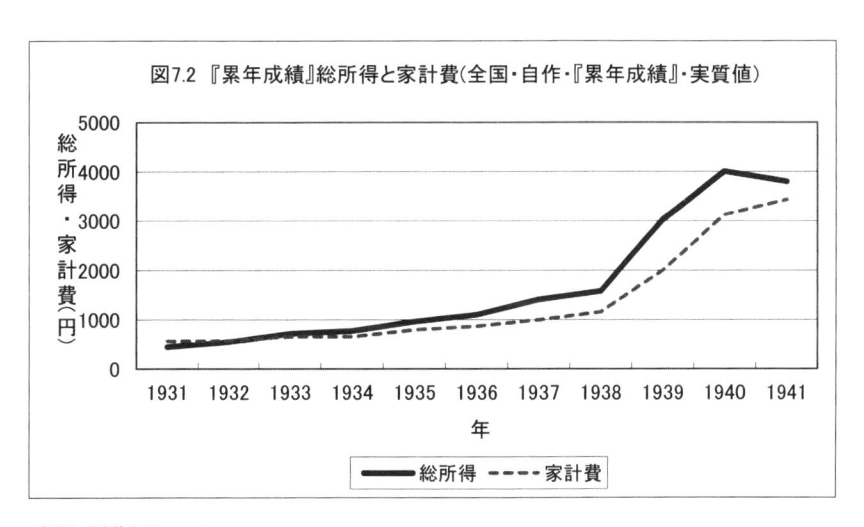

図7.2　『累年成績』総所得と家計費(全国・自作・『累年成績』・実質値)

資料：稲葉編(1953)，pp.90-91．
註：図7.1の物価指数で実質化．

　まず，自作（図7.2）の総所得は，1931年の441円から35年には倍増の963円その後38年には1,582円，その後も急激に上昇し，40年は4,000円を超え，41年は3,798円であった．一方，家計費は，31年では566円であり総所得を上回っており，この傾向は，33年まで継続した．その後，35年に795円，38年は1,157円と上昇をつづけ，41年に3,436円に達した．

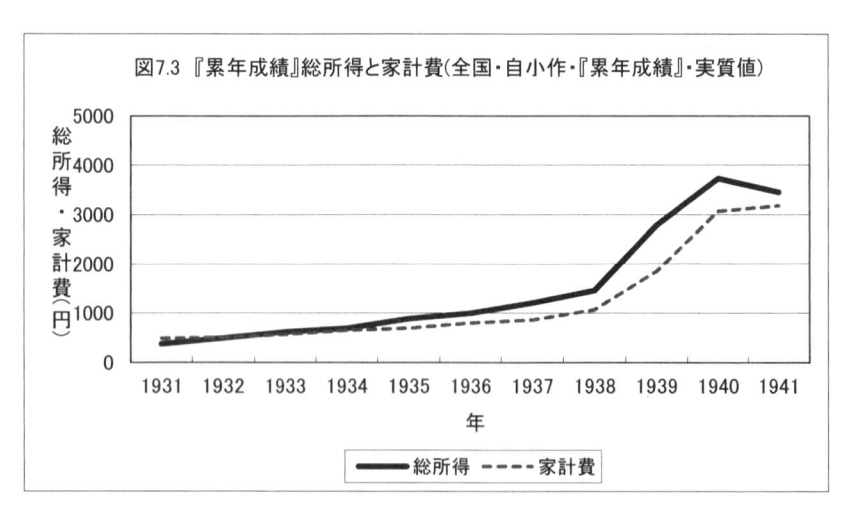

図7.3 『累年成績』総所得と家計費(全国・自小作・『累年成績』・実質値)

資料:図7.2に同じ.
註:図7.2に同じ.

　次に自小作(図7.3)の総所得は，1931年の370円から，35年には倍増以上の885円，38年の1,458円，41年の3,449円へと上昇した．その家計費は31年の490円と総所得を上回り，自作と同じく翌32年も家計費が総所得を上回った．その後は，35年に696円，38年に1,070円となり，41年には3,178円となっていた．

第7章　1931(昭和6)-41(昭和16)年の農家経済調査

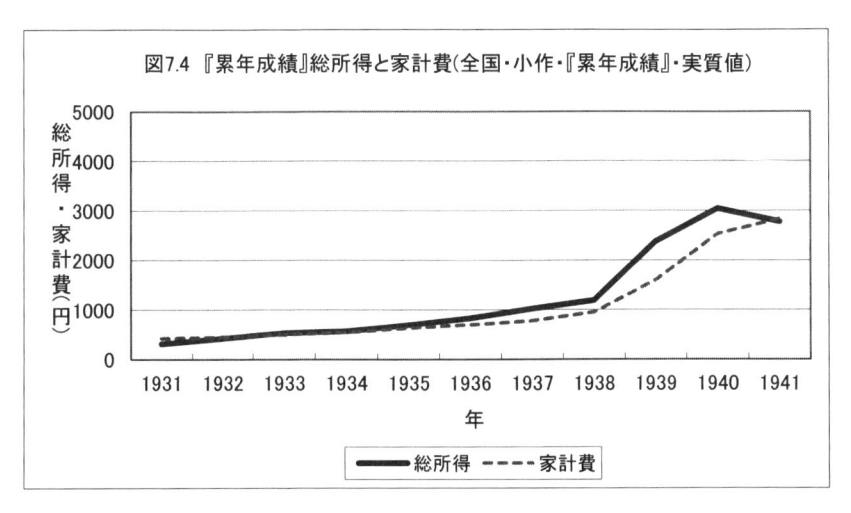

図7.4　『累年成績』総所得と家計費(全国・小作・『累年成績』・実質値)

資料:図7.2に同じ.
註:図7.2に同じ.

　最後に小作(図7.4)の計数を確認すると,その総所得は,1931年には自作よりも130円少ない311円であったものが,35年には自作,自小作と同じく31年の倍増以上の690円,38年には1,188円,そして40円には3,000円を越し,期末の41年は2,777円であった.そして家計費をみていくと,31年は421円と自作,自小作同様に総所得を上回り,翌年も同じ状態であった.その後35年に628円,38年には947円と上昇し,41年には2,832円に達し,総所得を上回る結果となった.

　以上,農家経済調査の全国平均の自小作別に総所得と家計費の推移をみてきた.そこでは,恐慌の回復期である1931-32には自作,自小作,小作のすべてにおいて家計費が総所得を上回り,昭和恐慌の影響が大きかったことが伺われる.その後,経済全般の状況が回復してくるにつれて,農家経済の状況も改善され,自作と自小作については総所得が家計費を上回る傾向がつづいた.だが,小作農は,期間の終わりである41年に,ふたたび総所得と家計費の逆転,すなわち,家計費が総所得を上回り,小作農家は厳しい状況に向き合うことになったのである.

— 157 —

7.4 1931-41年における農家経済調査の実態

農家経済調査は，農家における三つの独立した経済部門，すなわち消費部門(家計経済部門)および所得経済部門(農業経済部門および兼業経済部門)にそれぞれ独立して分析が行われる．そして，それぞれの経済部門は，再び統合され分析の過程を終える．すなわち，その調査過程は，年度始のストック調査から，調査年度，すなわち調査期間内の生産・収入および支出のフローの調査を行うことであり，そのフローの結果として，年度末のストック調査が行われ，年度始と年度末のストックを比較することにより，その農家の決算がなされた．その具体的な調査過程は，次に示すように少し複雑であるが，データベース化されたデータを使用するときに参考となるので，煩を厭わず掲載し，その内容について説明を加えていこう．

7.4.1 農家経済調査の調査方法：調査の手順

農家経済調査は，記帳農家(以下，農家とする)が次にあげる三つの帳簿類を作成し，それらをもとに集計を行い，「結果表」の形にして1世帯の農家経済調査が終了する[9]．

(1)農家経済調査簿

(1)-1覚帳

覚帳は，農家が一時の覚えとして記入することを目的としており，つぎの六つの口座について，記入が求められていた．それらは，①「現物」，②「掛売又は掛買」，③「労銀の前払又は未払」，④「家畜農具等に対する前払又は未払」，⑤「一時的の金銭又は物品の貸借」，⑥「其の他」であった．

(1)-2財産台帳

年度始および年度末に存在する一切のものにつき記入を求められる．ただし，家具および家事用動植物については，除外されている．

(1)-3概況

「地方概況」：調査対象町村の総戸口，町村総土地面積，交通，主要産物の産額，農業労働者

「調査農家の経営の概況」：経営の大様，耕種の状況，世帯員，雇人，農家経済上の

---

[9] 以下，一橋大学経済研究所附属社会科学統計情報研究センター編(2008)『農家経済調査マニュアル』，五一(三)に依拠する．

第7章 1931(昭和6)-41(昭和16)年の農家経済調査

特殊記事(調査対象農家において試みられた特殊の方針,農家経済に影響与える社会上の出来事など)

(2)農家経済調査日報

この農家経済調査日報は,「現金出納帳」,「現物受払表」,「労働表」から構成されており,調査対象世帯の日々の経済活動における,現金および現物の収支と労働時間について記入が求められていた.以下,順をおってその内容を説明しよう.

(2)-1「現金出納帳」

現金の出納があるときは,その都度すべて記入する.ここでは,記入が求められる項目について,収入と支出それぞれについて例示する.なお,カッコ内は,それぞれの収入・支出に含まれる科目名である.また,支出の部の家事支出は,科目がさらに分目に分けられており,科目が分目に分けられている場合は,分目名をブラケット内にて示す.

収入:①農業収入(稲作収入・雑穀収入・園芸収入・其の他の耕種収入・養蚕収入・養畜収入・農産加工収入・其の他の収入)
②兼業収入(兼業生産物収入・林業収入・俸給労銀収入・財産収入・其の他の収入)
③家事収入(被贈収入・其の他の収入)
④特別収入

支出:①農業支出(土地費・土地改良費・建物費・農具費・種苗費・蚕種費・家畜費・飼料費・肥料費・光熱動力費・薬剤費・加工原料費・労銀・農業負債利子・小作料・小作料以外販売料・其の他)
②兼業支出(兼業生産物費・林業費・兼業財産費・労銀・其の他)
③家事支出(住居費・飲食費[米類,麦類,其の他の主食物,肉卵乳類,蔬菜類,調味料,其の他の飲食物]・光熱動力費・被服費[衣服,身の廻り品]・家具什器費・教育費・修養費・交際費[贈答,来客及諸会,其の他の交際]・嗜好費[酒類,煙草,嗜好飲食物]・娯楽費・衛生費・冠婚葬祭費・其の他[其の他の家事])

つづいて,「現物受払表」についてである．先に7.3.2で確認したが，もう一度第4期農家経済調査における「現物」の定義をみておく．

> 「現物は一回の利用により全然形態を消滅し又は同一利用目的に再び使用すること能わざるに至るものとす．たとえば種苗，肥料，飼料，加工原料，燃料，飲食物，販売用の物の如きものをいう．[10]」

第4期農家経済調査における「現物」は，このように定義されていた．それは，農家の自給肥料および自家消費——飲食，光熱動力費など——といった，農家世帯の経済活動に欠かせないものであった．では，あらためて「現物受払表」の内容を確認しよう．

(2)-2「現物受払帳」

現物の受払を記入すべき場合には，その都度すべて記入する．ただし，蔬菜など日々の記帳を行うことが煩雑である場合は，農家経済調査日報の提出前日までに仕向けた分をまとめて記入するようにされていた．また，受取および支払の小作料もこの帳簿に記入される．そして，自家生産について，その払出価額の見積は庭先相場によること，などが注意事項として記載されていた．

最後に労働表の内容について確認しておこう．

(2)-3「労働表」

農業，兼業，家事，その他に従事した一切の時間を記入することが求められていた．その記入方法は，時間を単位として記入することとなっていた．たとえば，30分は，0.5時間と記入する，といった具合である．だが，農家世帯において，農業，兼業と家事，それぞれの労働時間を区分することは，なかなか難しいように思われる．この点は，農家経済調査を設計した側も考慮しており，次のように定めていた．

> 「農業及び兼業労働と家事労働との限界は家事のためにする採取又は利用行為の着手の時より家事労働とす．例えば家事用のために蔬菜畑より蔬菜を採取する

---

[10] 一橋大学経済研究所附属社会科学統計情報研究センター編(2008), p.212.

第7章　1931(昭和6)-41(昭和16)年の農家経済調査

　労働はその出発の時より又家事のために精米する労働は精米のためにする倉出しの時より家事労働とするが如し[11]」

　以上が，第4期農家経済調査において調査世帯農家が日々の経済行動について記帳をつづけた，農家経済調査日報の内容である．ただし，この帳簿は日計簿であるため，具体的な項目に分類，そして整理する必要がある．それが次にみる農家経済調査整理簿である．

(3) 農家経済調査整理簿
　農家経済調査日報に含まれる3つの帳簿，すなわち，「現金出納帳」，「現物受払表」，および「労働表」は，つぎの2つの帳簿によって，分類，整理がなされた．

(3)-1 科目別整理表
　この科目別整理表は，(2)農家経済調査日報の「現金出納表」および「現物受払表」の科目に従い，一科目ごとに整理することを目的としていた．ただし，家事支出に関しては，同上の表に記載された分目ごとに整理することが求められていた．

(3)-2 諸負担整理表
　諸負担整理表は，農家にとっての諸負担，すなわち国税，道府県税，市町村税，産業の団体負担およびその他について，その区別を記入した．この区別によって，これら諸負担の整理を図るものである．

　以上の各帳簿類の作成過程，これが農家経済調査の調査過程であった．それらを調査過程にそってみていくことにしよう．まず農家が(1)「農家経済調査簿(覚帳，農業生産物収穫帳，財産台帳，概況)」，および(2)農家経済調査日報(現金出納表，現物受払表，労働表)」などの日計簿に調査年度の3月1日から翌年の2月末日まで継続して記帳する．これらをもとに，農家経済調査技術員の指導を受け，仕訳帳である(3)「農家経済調査整理簿(科目別整理表，諸負担整理表，労働整理表)」を作成し，(3)を集計した結果が，(4)「農家経済調査結果表」などのカード型資料として作成された．ただし，調査時期によって，その順序が異なっていたので，確認しておきたい．

1931-39年

---
[11] 一橋大学経済研究所附属社会科学統計情報研究センター編(2008)，p.239.

- 161 -

「概況」→「財産台帳」・「農家経調査日報」→「農家経済調査整理簿」→「農業生産物収穫帳」→「覚帳」→「農家経済調査結果表(カード)」

1940-41年

「概況」→「財産台帳」・「農家経調査日報」→「覚帳」→「農業生産物収穫帳」→「農家経済調査整理簿」→「農家経済調査結果表(カード)」

以上の手順にしたがい，農家経済調査の結果は，「農家経済調査結果表(カード)」(以下，「結果表」と表記する)として取りまとめられることになった．ここでは，その第4期農家経済調査の結果表の内容を見ていくことにしよう．

7.4.2 第4期農家経済調査の結果表について

ここでは第4期農家経済調査の結果表について確認したい．それは，次に示すように，33枚のカード型資料から構成されている．

第4期農家経済調査の「結果表」の構成

表紙：調査世帯の戸主氏名，自小作別の区分

No.1：「地方概況」
　調査世帯の居住する町村の戸口数，人口数，生産高，労賃，金利

No.2：「調査農家の経営の概況」
　調査世帯の農業生産高

No.3：「世帯員」
　調査世帯の世帯員氏名，年齢，従事する業務，労働能力

No.4：「土地」
　調査世帯の所有地および借入地の面積，価額の年度始と年度末

No.5：「建物(農業用)」
　納屋，土蔵などの建物の面積，価額の年度始と年度末

No.6：「農具(農業用)」
　耕運機など農具の数量，価額の年度始と年度末

No.7：「動物・植物(農業用)」
　鶏，桑・柿など動植物の数量，価額の年度始と年度末

No.8：「現物(農業用)」

種籾や肥料などの数量,価額の年度始と年度末
No.9:「負債(農業)」
　農業生産にかかわる負債額の年度始と年度末
No.10:「土地(兼業用及家事用)」
　兼業用の土地,および住宅地の面積,価額の年度始と年度末
No.11:「建物(兼業用)」
　兼業用の建物の面積,価額の年度始と年度末
No.12:「器具機械・動物(兼業用)」
　兼業用の器具機械・動物の数量,価額の年度始と年度末
No.13:「植物・現物(兼業用)」
　兼業用の植物・現物の数量,価額の年度始と年度末
No.14:「建物(家事用)」
　住宅などの棟数,坪数,価額の年度始と年度末
No.15:「現物(家事用)」
　穀類,蔬菜,薪炭などの数量,価額の年度始と年度末
No.16:「負債(家事用)」
　生活に関わる負債額の年度始と年度末
No.17:「現金及之に準ずるもの」
　預貯金,頼母子講,有価証券などの価額の年度始と年度末
No.18:「農家所有財産一覧表」
　No.4からNo.17までの記載事項を,一覧にまとめたもの
No.19:「農業総収入(経常)」
　稲作,麦作の生産高,小作料,自家消費の数量と価額
No.20:「農業総収入(経常続)」
　蔬菜,養蚕などの生産高,小作料,自家消費の数量と価額
No.21:「農業総収入(経常続)」
　養畜,農産加工などの生産高,小作料,自家消費の数量と価額
No.22:「農業経常費(経常)」

1年間の農業生産に関わる費用(土地,種苗,肥料など)
　No.23:「兼業総収入と兼業費」
　　　兼業収入(林業や他出労働の賃金)とその費用
　No.24:「農家の総収支(経常)」
　　　農家総所得を農家総収入から農家支出(除,家計費)を減じて求める.
　　　そして,家計費は別途計上する.
　No.25:「家計費(第一生活費)」
　　　衣食住および光熱費の現金支払額および現物支出額
　No.26:「家計費(第二生活費)」
　　　教育費や交際費および租税などの現金支払額および現物支出額
　No.27:「臨時収支」
　　　土地,建物,動植物の経常以外の収入額と支出額
　No.28:「諸負担(国税・道府県税)」
　　　地租や所得税(国税),地租附加税や家屋税(道府県税)への支出額
　No.29:「諸負担」
　　　市町村税,各種産業団体(農会や養蚕組合)への支出額
　No.30:「労働調」
　　　調査世帯員および日雇の農業,兼業などの年間労働時間と日数
　No.31:「農業生産物収穫調」
　　　1年間の農業生産物の数量と価額
　No.32:「主なる自給現物仕向調」
　　　種苗,肥料,光熱動力などの自家生産と自家消費の数量と価額
　No.33:「物価表」
　　　各月の米,麦,繭,鶏卵の価額と年間平均価額
　ここでみてきた第4期の「農家経済調査結果表」の内容,すなわちNo.1からNo.33までのカード型資料は,大きく次の五つに分類できる.
　(1)No.1:調査世帯の住む町村の経済状況を人口数,生産高などでを示す.これは,調査対象世帯が属している地域の経済状況についてのの情報を提供する.

第7章　1931(昭和6)-41(昭和16)年の農家経済調査

(2) No.2-3：調査世帯の農業生産高と人員，労働能力を示すことにより，調査農家の家族構成と農業生産高，および労働に従事する世帯員と従事しない世帯員を明記する．これにより，チャヤーノフの消費／労働比率(C/W)の計算を可能にする．この点は，生産・収入，消費，労働が一体となった，日本の農家経済の分析にも非常に重要なデータを提供するものである．

(3) No.4-18：ストック調査は，調査世帯の土地・建物・金融資産などの資産について，年度始の調査と年度末の調査を比較することにより「農家経済余剰」の計算を行うために不可欠なものである．

(4) No.19-32：フロー調査(調査世帯の農業生産高，家計支出額，租税負担額など)は，農家経済調査において根幹をなすものであり，年間の収入と支出をあらわす．

(5) No.33：調査世帯に影響を与える農産物価格，すなわち調査地域の米麦，繭の物価表．

つづいて，結果表のそれぞれについて，各帳簿類，すなわち「農家経済調査簿」，「農家経済調査日報」，「農家経済調査整理簿」からどのように分類，整理，集計がなされていたか，みていくことにしよう．

No.1-17：「概況及び財産台帳」の計数をそのまま転記する．

No.19：各種の所有財産及び負債の総額を転記する．

No.19-21：農業総収入は，「農家経済調査日報」，「農家経済調査整理簿」から記載する．

No.22：農業経営費は，「農家経済調査整理簿」の値を転記する．

No.23：兼業総収入は，「農家経済調査日報」，「農家経済調査整理簿」から記載する．

No.24：家事収入は，「農家経済調査日報」，「農家経済調査整理簿」から記載する．

No.25：農家の総収支，「結果表」の数値を転記する．

　　　「農業収支及所得」は，「結果表」No.21,22から転記される．

　　　「兼業収支及所得」は，「結果表」No.23,24から転記される．

　　　「家事収入」は，「結果表」No.24,26から転記される．

No.25-26：農業経営費は，「農家経済調査整理簿」の値を転記する．

No.27：「農家経済調査整理簿」から記載する．

No.28-29:「農家経済調査整理簿」から記載する.
No.30:「農家経済調査整理簿」から記載する.
No.31:「農業生産物収穫高調」から転記する.
No.32:「農家経済調査整理簿」から記載する.
No.33:「農家経済調査簿」から記載する.

これら日計簿から順次記載,転記したものが,農家経済調査結果表である.さきに見たように,結果表は農林省において集計され,全国の平均値が算出されたのちに刊行された.だが,刊行された資料では,どうしても農家世帯の情報が限られてしまう.そこで,現在,一橋大学において,農家経済調査個票,すなわち結果表のデータベース編成作業が進められているのである.次節では,このデータベースを用いた農家の食糧消費,その分析可能性についてのべてゆきたい.

7.5 第4期農家経済調査の分析可能性:農家の食料消費に焦点をあてて

これまで,第4期農家経済調査について,その内容と構造について検討してきた.本節では,この第4期調査を用いた消費分析の可能性についてふれることにしたい.分析に先立って,第4期農家経済調査に記載された計数をどのように扱うかということについて,説明を加えていきたい.

7.5.1 世帯における消費の推計について

消費の推計方法は,第4章4.2でみてきたように,一定期間に消費された消費財とサービスの集合から消費水準が決まる.この消費は,フローとストックからの消費の双方を考慮したものである.だが,実証面ではストックからの消費を捉えることが難しいため消費はフローとして捉えられることが多い.しかし,ストックからの消費も重要である.近年の開発経済学では,途上国の実態を認識するためにミクロの家計データを用いた分析が行なわれている.たとえば,世界銀行が途上国で行なうLSMS(Living Standards Measurement Survey,生活水準指標調査,以下LSMS調査とする)から,その方法論を扱った世銀の報告集は,家計調査の設計を様々な角度から取り上げている[12].世銀調査は家計における消費財の消費を,式(1)非耐久消費財で示す[13].

---

[12] M.Grosh and P. Glewwe, eds(2000) を参照.

第7章　1931(昭和6)-41(昭和16)年の農家経済調査

　　　非耐久消費財　　消費＝前期からの持ち越し＋生産＋贈与受取＋購入
　　　　　　　　　　　　－次期への持越－消耗－他への贈与－販売（1）

　非耐久消費財について，特に食料に関しては式（1）の全要素を集める努力がなされている[14].「持越」分は，それが「数年以上の耐用年数を持ち，世帯にとりとても重要なので，その購入は数年を経ても詳しく記憶されており，ストックとしての財を資産として売買する市場が成立している」[15]場合にはストックとなる．式（1）は，まず数量で把握され，次に世帯レベルの機会価格を用いて帰属消費支出に換算される．ここから分かるように，世銀調査では，ストックとの関係も明示的に入っており，家庭内生産の消費もきちんと入っている．

　では，世界銀行のLSMS調査による消費の推計式を，第4期農家経済調査から得られる計数から考察してみよう．

7.5.2　農家世帯の食料消費推計について

　さて，前項でみてきた世界銀行のLSMS調査による消費の推計式は，消費の実態を把握する上で非常に有益である．この調査は，たしかに現在の発展途上国を対象とした調査ではあるが，高度経済成長期以前のわが国，すなわち戦前日本の農村もまさに発展途上にあった．そこで，本項では食料消費に焦点をあわせて，第4期農家経済調査から，このLSMS調査の消費式をどこまで再構築できるか検討する．はじめに食料消費についてもう少し検討を加えたい．

　そこで，世界銀行のLSMS調査による消費の推計式を参考に農家における食料消費を考え，それを式（2）としよう．

　　　農家の食料消費＝収入（①前期からの持越＋②生産＋③贈与受取＋④購入
　　　　　　　　　　＋⑤小作料受取＋⑥労賃受取）－支出（⑦次期への持越
　　　　　　　　　　＋⑧消耗＋⑨他への贈与＋⑩販売＋⑪小作料支払＋⑫

---
[13] A. Deaton and M. Grosh. (2000), pp.90-133.
[14] 以下，Deaton and Grosh (2000), "Consumption"による．
[15] Deaton and Grosh (2000), "Consumption", pp.116-118.

労賃支払）(2)

　農家の食料消費は，おおよそこの式(2)で推計が可能であろう．だが，消費には前項でみたように消費には大きくフローとストックの区別が存在する．また，農家における食料消費は，この式(2)からもわかるように，農家世帯の行動，すなわち生産，購入，贈与・小作料・労賃，それぞれの受取と支払などから構成されることになる．そこで，この式(2)にふくまれる内容を，収支の形態および食料消費推計の概念と項目という側面から検討していきたいと思う．ここで述べた関係をまとめたのが表7.4である．

表7.4 食料消費推計の概念と項目

収支形態	項目	食料消費推計の概念と項目							農家経済調査に記載された計数の有無			
		フローとストック		収 入 源 と 支 出 源					カード		整理簿	
		フロー	ストック	自家生産	購入	贈与	小作料	労賃	数量	金額	数量	金額
収入	①前期からの持越	×	○	×	×	×	×	×	×	×	×	×
	②生産	○	×	○	×	×	×	×	×	○	○	○
	③贈与受取	○	×	×	×	○	×	×	×	×	×	×
	④購入	○	×	×	○	×	×	×	×	○	×	○
	⑤小作料受取	○	×	×	×	×	○	×	×	×	○	○
	⑥労賃受取	○	×	×	×	×	×	○	×	×	×	×
支出	⑦次期への持越	×	○	○	○	○	○	○	×	○	×	×
	⑧消耗	○	×	○	○	○	○	○	×	×	○	×
	⑨他への贈与	○	×	○	○	○	○	○	×	×	×	×
	⑩販売	○	×	○	○	○	○	○	×	○	×	○
	⑪小作料支払	○	×	○	○	○	○	○	×	○	×	○
	⑫労賃支払	○	×	○	○	○	○	○	×	○	×	○

註）筆者作成．

　表7.4には，表側に収入と支出の形態を示している．まず，収入は，式(2)の6項目からなる．すなわち，①前期からの持越，②生産，③贈与受取，④購入，⑤小作料受取，⑥労賃受取，である．一方の支出も6項目からなる．それらは，⑦次期への持越，⑧消耗，⑨他への贈与，⑩販売，⑪小作料支払，⑫労賃支払，である．

　つづいて，表7.4の表頭についてみていこう．ここでは，「食料消費推計の概念と項目」と題して，大きく二つに分けた．ひとつは，(1)フローとストックである．もうひとつが(2)収入源と支出源である．(2)は，自家生産，購入，贈与，小作料，労賃からなっている．ここでは，式(2)農家の食料消費推計式の各部分を構成する，収入と支出の項目①から⑩について，それぞれ検討することにしよう．

　最初に収入の各項目から見ていこう．①前期からの持越は，ストックに分類，食料

第7章　1931(昭和6)-41(昭和16)年の農家経済調査

消費概念の収入源と支出源(以下，本項では収支源とする)では，いずれにも属しない．②生産は，フローに分類，収支源では自家生産に属する．③贈与受取は，フローに分類，収支源は贈与に含まれる．④購入は，フローに分類，収支源は贈与に属する．⑤小作料受取は，フローに分類，収支源は小作料に属す．⑥労賃受取は，フロー分類，収支源は労賃に属する．

つぎに，支出の各項目，すなわち⑦次期への持越，⑧消耗，⑨他への贈与，⑩販売，⑪小作料支払，⑫労賃支払であるが，これらの項目は表7.4をみれば分かるように，⑦次期への持越がストックに分類，つづく⑧から⑫までの各項目はフローに分類されている．また，⑦次期への持越から⑫労賃支払までのすべてが，表頭の収支源，すなわち自家生産，購入，贈与，小作料，労賃のいずれかに属することがわかる．

以上，表7.4から判明するように，農家における食料消費の形態は収入と支出，および消費概念から様々なパターンを描いていることが判明した．では，この様々なパターンを描いている農家世帯の食料消費の推計を，現在，データベースの編成作業が進行中である第4期農家経済調査からどのように行うことが出来るか，次項で検討していこう．

7.5.3　1931－41年の農家経済調査による食料消費推計に向けて

農家世帯の食料消費は，前項で検討したように，農家世帯におけるフローとストックの関係，そしてこのフローとストックに含まれる農家世帯の収入と支出から成りたっていることが判明した．この農家世帯の食料消費推計の可能性を，第4期農家経済調査から検討することが，本項の目的である．

まず，農家経済調査の形成について，もう一度簡単に触れておこう．それは，各農家世帯が，日々の経済活動を記録し，それを項目ごとに整理・集計し，さらに農家世帯全体の収入と支出を結果表という形式で算出するというものであった．これまで述べてきたように，現在，データベース編成作業が進められているのは，結果表というカード型資料である．刊行された農家経済調査における飲食費の消費は，購入と現物のみ判明する．

これにたいしてデータベース化された個票データに記載された計数を用いることにより，現物を自家消費と贈与にまで分割し，より詳細な分析を可能にする．それは，

個票データを用いることにより，さきの表7.4で示した項目①から⑫のうち，そのかなりの部分の計数を得ることができることを意味する．だが，それでもいくつかの項目については，計数をえることができない．しかし，「農家経済調査結果表」のひとつ前の集計段階の資料，すなわち「農家経済調査整理簿」を用いると，ひとつの項目を除いて計数を得ることが可能になるのである．そこで，具体的に農家世帯における食料消費の項目と農家経済調査の結果表と整理簿をつき合わせることによって，食料消費の推計がどの程度可能であるか示したのが，次の表7.5である．すなわち，収入と支出／フローとストック／自家生産・購入・贈与／カード型資料と整理簿の区分から，項目①から⑫までを分類したものである．

表7.5 食料消費の項目と農家経済調査の記載事項

収支形態	項目	(A)計数の有無 農家経済調査結果表 数量	金額	(B)食料消費についての計数の有無 ①農家経済調査結果表 数量	金額	②農家経済調査整理簿 数量	金額
収入	①前期からの持越	15	15	15	15	なし	なし
	②生産	19,31	19,31	19,31	19,31	稲作収入	稲作収入
	③贈与受取	−	24	−	なし	被贈収入	被贈収入
	④購入	−	25,26	−	25,26	飲食費	飲食費
	⑤小作料受取	−	−	−	−	財産収入	財産収入
	⑥労賃受取	−	23	−	23	俸給労銀収入	俸給労銀収入
支出	⑦次期への持越	15	15,25,26	15	15,25,26	なし	なし
	⑧消耗	−	−	−	−		
	⑨他への贈与	−	26	−	なし	贈答	贈答
	⑩販売	19,20,21	19,20,21	19,20,21	19,20,21	稲作収入	稲作収入
	⑪小作料支払	19	19	19	19	小作料	小作料
	⑫労賃支払	−	22	−	22	雇傭労賃	雇傭労賃

註：1）表中の数字は，「農家経済調査結果表」のカードNo.を示す．その内容は，本文を参照．
2）筆者作成．

表7.5には，さきの表7.4食料消費推計の概念と項目を農家経済調査の個票，すなわち「農家経済調査結果表」と「農家経済調査整理簿」とに対応させたものである．表7.5の表側は，表7.4の表側と同様，農家世帯における収入と支出の形態である．一方，表頭はパネルAとパネルBに分割されている．まず，パネルAには，「農家経済調査結果表」から得られる，消費項目（これは，食料消費に限定していないことに注意）について，数量と金額，それぞれの計数の有無について示している．つづいて，パネルBには，食料消費についての計数の有無について，「農家経済調査結果表」，および「農家経済調査整理簿」について，数量と金額，それぞれの計数の有無について示したものである．

第7章 1931(昭和6)-41(昭和16)年の農家経済調査

以下,項目名のつづくカッコ内に,「農家経済調査結果表」のカードNo.と得られる計数,すなわち数量および金額について示す.

はじめにパネルAから農家経済調査に記載された計数を確認しよう.

① 前期からの持越((No.15:「現物(家事用)」数量・金額)
② 生産(No.19:「農業総収入(経常)」,No.31:「農業生産物収穫調」数量・金額)
③ 贈与受取(No.24:「農家の総収支(経常)」金額),
④ 購入(No.25:「家計費(第一生活費)」,No.26:「家計費(第二生活費)」金額)
⑤ 小作料受取(なし),
⑥ 労賃受取(No.23:「兼業総収入と兼業費」金額)
⑦ 次期への持越(No.15:「現物(家事用)」数量・金額,No.25:「家計費(第一生活費)」金額,No.26:「家計費(第二生活費)」金額)
⑧ 消耗(なし)
⑨ 他への贈与(No.26:「家計費(第二生活費)」金額のみ)
⑩ 販売(No.19:「農業総収入(経常)」,No.20:「農業総収入(経常続)」,No.21:「農業総収入(経常続)」数量,金額)
⑪ 小作料支払(No.19:「農業総収入(経常)」,No.20:「農業総収入(経常続)」,No.21:「農業総収入(経常続)」数量,金額)
⑫ 労賃支払(No.22:「農業経常費(経常)」金額のみ)

以上をみると,「農家経済調査結果表」から消費の計数をえることは,金額については,そのほとんどの部分をカバーする.それに対して,数量については得られる情報が少ない.数量について得られる場合でも,それは,基本的に生産に関する項目,たとえば②生産,⑩販売,⑪小作料支払,とストック関連の①前期からの持越,⑫労賃支払,⑦次期への持越が中心である.

つづいて表7.5のパネルB食料消費についての計数の有無を確認していくと,基本的にはパネルAと同じ結果になる.しかし③贈与受取と⑨他への贈与については,食料消費についての計数をえることができない.

では,パネルBの「農家経済調査整理簿」の項目から食料消費についての計数をど

— 171 —

の程度得ることができるか確認しよう．なお，①から⑫のカッコ内（「　」）は，「農家経済調査整理簿」の科目名を示す．

　①前期からの持越（なし）
　②生産（「稲作収入」数量・金額）
　③贈与受取（「被贈収入」数量・金額）
　④購入（「飲食費」数量・金額）
　⑤小作料受取（「財産収入」数量・金額）
　⑥労賃受取（「俸給労銀収入」数量・金額）
　⑦次期への持越（なし）
　⑧消耗（なし）
　⑨他への贈与（「贈答」数量・金額）
　⑩販売（「稲作収入」数量・金額）
　⑪小作料支払（「小作料」数量・金額）
　⑫労賃支払（「雇傭労賃」数量・金額）

　表7.5パネルBの「農家経済調査整理簿」から食料消費の計数を確認すると，ほぼすべての項目について，その値を得ることが可能である．整理簿から計数を得られないものは，ストック関連の①前期からの持越，⑦次期への持越，および⑧消耗のみである．だが，これらのうち，前2者は「農家経済調査結果表」からその計数をえることができる．

　以上，表7.5を検討した結果，第4期農家経済調査を用いた農家世帯の食料消費推計の可能性について，次の2点を指摘できると思う．ひとつは，農家経済調査がフローとストックの双方を調査しているので，現在，データベース編成作業をすすめている農家経済調査結果表のみでも，金額ベースの購入と現物消費，および持越分については，推計が可能である．もうひとつは，現物消費の詳細な分析についてである．表7.5で確認したように，当時の農家世帯において重要であった贈与と小作料，および労賃，それぞれの受取と支払については，「農家経済調査整理簿」の分析が必要である．ただし，「農家経済調査整理簿」は，その名の示すとおり，結果表への集計過程における資料である．そのため，整理簿の各項目をみれば，分析に利用できる計数をすぐに

えることができる，という性質を持ち合わせてない．そのため，整理簿に記載された計数を集計する必要がある．それは，結果表の利用と比較すると，より多くの労力を必要とする．だが，「農家経済調査整理簿」の利用により，より詳細な分析が可能となるため，この資料のデータベース化も将来的には考える必要があろう．

7.6 本章のまとめと今後の課題

本章では，農林省による1931(昭和6)-41(昭和16)年の第4期農家経済調査について，その内容とデータを用いた分析可能性について述べてきた．最後に，まとめにかえて，今後の利用可能性について触れることにしよう．

第一に，農家経済調査はフローとストック，双方の勘定体系を有している．このことは，農家という生産と消費が一体となった自営業世帯の分析において，経済活動の総合的な分析を可能とするであろう．それは，過去の日本に限らず，現在の開発経済学における主要な分析ツールのひとつであるハウスホールド・モデルによる分析の可能性をも含むものである[16]．

第二に，この第4期農家経済調査の調査世帯の選定に関するものである．それは，調査対象として同一の世帯が追跡可能なことである．これは，経済学の実証研究で影響力が大きくなっている，パネルデータの構築が可能であることを意味する．パネルデータ分析が可能になることにより，世帯のライフサイクル分析が可能となる．これは，経済学に限らず，社会学，人類学，歴史学など様々な研究分野にとっても非常に興味深いデータを提供するだろう．

そして，第三に，データの性質である．現在，データベース化を進めている「農家経済調査結果表」とは，文字通り，農家経済調査に関する最終的な結果表である．だが，この結果表にいたるまで，農家経済調査は，日報，財産台帳，整理簿など調査対象の世帯が日々記帳を続けた様々な帳簿類が存在した．これらの資料のうち第4期農家経済調査については，現時点では，整理簿のみが利用可能である．だが，7.5でみたように，この整理簿を利用するだけでも，結果表に加え，より詳細な分析を可能とするのである．

---

[16] この点については，黒崎(2001)第1章，および本書の第6章6.8を参照．

これらの特徴を持った第4期農家経済調査は，様々な研究テーマに対応できる可能性を有している．ただし，本章ではその一端を紹介したに過ぎない．だが，今後，データベース編成作業の進展とともにその可能性はますます広がることであろう[17]．

---

[17] パイロットスタディとして，斎藤(2009)，尾関(2009b)を参照．

おわりに
：本論文の成果と残された課題，そして今後の展望について

　「はじめに」で述べた課題に対して，これまで，第1部の町村是による分析，第2部の農家経済調査による分析によって，どの程度回答をあたえたのだろうか．それに答えるべく，もう一度，「はじめに」で述べた本書の課題を振り返ってみたい．

　日本経済史における消費の研究は，生産の研究と比べると少なく，その議論の中心は，マクロ推計，市場化，洋風化などである．これらの研究に対して本論文は，別の視点からのアプローチをすすめた．それらは，消費における，(1) フローとストック，ならびに(2) 現物消費についてである．これら二つの視点は，日本経済史における主要な研究テーマ，すなわちマクロ推計，市場化，洋風化など，一国レベルの研究や都市部の家計分析などによる観察では，その実態の把握，そして分析が難しい．

　しかし，農村に目を向ければ，農家における農産物の生産は，市場向け販売の比重もさることながら，農家の自家仕向現物，すなわち現物消費用の生産も重要であった．そして，都市とは異なる生活様式，とりわけ冠婚葬祭における濃密さ，いわゆるハレとケの生活様式が存在した．加えて，消費行動の理解についての問題もある．現在の私たちは，消費を貨幣支出による購入と同一視している．しかし，消費とは，フローの購入・自家生産のみではなく，現在保有している財，すなわちストックからの消費サービスも含むものである．それは，住生活はもとより，衣生活，食生活にまでおよぶものであった．

　従来の消費の経済史研究では，消費を購入，家計支出のみで捉える傾向があった．それは，都市生活および一国を単位とするマクロ推計から検討する限り，その解釈は妥当であろう．しかし，本論文が対象とする農村・農家においても，そのような解釈でよいのだろうか．それは，現在と比較するとより濃密であった生活における農家における自家生産を中心とする現物消費について，あまり触れられていない．さらに，消費行動そのものからは，ストックからの消費サービスについても消費の経済史研究はほとんど検討されていないのではないだろうか．そのため，消費の経済史研究において，数量的に消費水準および消費構造について，その一部しかみていないことにな

― 175 ―

るのではないと思われる．それに対し，本書では，ここで取り上げた二つの視点，すなわち，消費におけるフローとストック，ならびに現物消費について検討をした．これらの視点から消費の経済史を述べるとき，それは，生活水準の一指標としての消費水準を検討することによって，従来の消費水準推計をより豊かな内容を含むものになろう．

よって，本書は，これら視点からの考察を進めた．それらは，経済史と統計調査史との関係について述べた第1章，日本経済史の研究における消費および消費概念について論じた第2章，および町村是による分析からなる第1部（第3-5章），農家経済調査による分析である第2部（第6-7章）の全7章である．以下，その内容をみていこう．

第1章では，経済史の分析に利用する歴史統計について，統計調査史の視点から考察した．

第2章では，経済史における生活水準の研究として衣食住の消費の問題を取り上げた．また，消費概念の検討によって，その多様性，すなわち貨幣支出による購入のほかに，財を費消する，という重要な意味があることを確認した．これと関連して，財の耐久性，すなわち耐久財と非耐久財の消費を扱う必要があることも確認した．そして，経済史における衣食住の消費研究において，フローとストックとの関係を検討する必要があることを主張した．

第1部を構成する第3-5章は，町村是による分析である．

第3章では，町村是の資料論的考察として，データの特性とその利用可能性について述べた．ここで「町村是」の利用に際し，重要な事実を得ることができた．それは，茨城県，新潟県，福岡県の各「調査標準」が同一のものであった可能性があることである．これは，3県の「町村是」の比較を可能にし，また，各府県の「町村是」に記載されたデータを，それだけでは読み取ることができないとき，他県の「調査標準」からヒントを得ることができる可能性を有することでもある．つまり，この事実は，全国の町村是を同一の基準で分析できる可能性を有することである．

だが，これまでの資料論的考察には，共通して欠けている点があった．それは，「町村是」という制度からみた資料論であり，実際に「町村是」のデータを分析した結果としての資料論ではない，ということである．

たしかに,「町村是」は消費の経済史研究にとって,興味深い衣食住のデータを得ることが可能である．だが,「町村是」をデータとして用いた消費に関する先行研究は,資料論的考察が不十分であるとおもわれる．そのため,町村是を利用した消費の研究においては,周到な資料論的考察が必要なのである．

　第4章では,町村是の資料論的考察によって,フローとストックの消費概念を検討した．そこでは,茨城県町村是に記載された被服消費の計数が,貨幣支出によって捉えられる消費だけではなく,ストックの使用としての消費も含まれていたことを明らかにした．この事実は,現在の私たちが一般的に用いている消費概念を,そのまま過去の資料に適用して分析を行なうことには,注意が必要であることを含意する．この点について,もう少し具体的に述べよう．

　経済史における従来の消費研究では,ストックの使用を問題としながら,フローによる議論が中心に行われて来た．だが,本書の分析により,消費水準にはフローからの測定に加えて,ストックからの消費水準も測定可能であるという,消費水準の二側面を明らかにした．すなわち,消費水準は,フローだけでは捉え切れない,ストックの存在が重要であることを意味するのである．それは,ストックの存在が消費者の生活に果す役割が大きく,加えて,不作や他の原因による緊急時にはその存在がいっそう大きくなるからである．つまり,人々はストックを取り崩すことによって,生活を維持できるからである．すなわち,フローの多寡だけではなく,ストックの多寡も生活水準の重要な指標であることを改めて確認したのである．

　また,本書の分析から,明治後期の被服消費構造において,購入による新たな財の導入と農家世帯での伝統的な財の自家調達が併存していたことが確認された．そして,被服の消費構造は,伝統的な財の自家調達が重要であり,明治後期においてもその割合は無視しえないものであったことを明らかにした．

　第5章は,第1部,すなわち町村是による消費分析のまとめである．ここでは,山梨県の村是から第一次世界大戦前の農家における消費水準とその構造について考察した．その結果,衣食住への支出のなかで食の比重は圧倒的であり,また,年間に自家生産,調達ないしは購入した額,すなわちフローだけをみたのでは当時の消費生活はわからず,消費行動においてストックを補充するという動機が非常に強かったであろ

うということを確認した．そして，使用者コスト論から被服ストックの利子率を算出することによって，被服の耐用年数を算出し，その値は7,8年におよぶものであった．

つづく第6-7章をから構成される第2部は，農家経済調査による分析である．

第6章は，はじめに，第1部の町村是による議論と第2部の農家経済調査による議論をつなげる輪として，日本における農家経済調査の嚆矢である斎藤萬吉による調査が，町村是に対する批判と，その一方において町村是に記載された計数を利用する，さらには山梨の事例で見たように，町村是へ序文を寄せるなど，さまざまな形をとって，町村是と密接に関わっていたことを指摘した．

つづいて，日本の農家経済調査の形成と，その背後にある経済学から生れた農家主体均衡論の形成を考察した．それは，西欧からの農業経済学と農家簿記の導入と受容，そして日本での農業経済学と農家経済調査の形成，最後に，第二次世界大戦後に日本で生れた農家主体均衡論が海外へ紹介されていく過程であった．

この農家主体均衡論の基本的な考えは，開発経済学における主要な分析ツールのひとつであるハウスホールド・モデルの集成に影響をあたえた．このような背景を有する戦前日本の農家経済調査をデータとして，農家主体均衡論をその源流のひとつとするハウスホールド・モデルをもちいて，発展途上にあった戦前日本の農家の分析を行い，現代の途上国と比較することは，過去に途上国であった「日本の経験」を明らかにするものでもある．それは，現代の途上国へのひとつのメッセージを有するという意味では，現代的意義を持ち合わせるのである．

第7章は，前章で検討した戦前期日本の農家経済調査のうち，現在，一橋大学でデータベース化を進めている1931（昭和6）-41（昭和16）年の農家経済調査について，その内容と，この資料を用いた農家世帯の食料消費分析の可能性について検討した．その結果として，次の三点を指摘できる．

第一に，農家経済調査がフローとストックの双方を調査しているので，金額ベースの購入と現物消費，および持越分についての推計が可能である．第二に，現物消費の詳細な分析について，すなわち，当時の農家世帯において重要であった現物による，贈与および小作料と労賃の受取と支払などの詳細について判明することである．そして，第三に，この時期の農家経済調査は，調査対象として同一世帯の追跡が可能であり，

経済学の実証研究で影響力が大きくなっている，パネルデータ分析の可能性を有していることである．

　以上，本書は，1890-1910年代の町村是と1930年代の農家経済調査から，農村・農家における消費の諸問題を扱った．それは，「はじめに」で述べた本論文の課題，すなわち消費の経済史研究において手薄であった，フローとストック，ならびに現物消費のそれぞれについて，町村是と農家経済調査による分析をすすめた．また，従来，町村是および農家経済調査を用いた研究は，これらの資料が有する勘定体系を考慮せず，そこに記載された計数をそのまま使用する傾向がみられた．これらの研究に対し，本書では，勘定体系の資料論的考察をすすめた．それは，統計調査，特に歴史統計の計数を「読む」作業を通じて，当時の消費概念について，再検討を加えたのである．そして，明治中期から昭和戦前期にかけての農村・農家の問題をあつかう資料として，マクロ推計ではなく，村と家を単位とした資料群としての町村是と農家経済調査とを結びつける視点を示したのである．

　その結果は，これまでみてきたように，「はじめに」で述べた，消費の経済史の課題に対して，一定の回答を示したといえるであろう．だが，本書には，残された課題もあろう．ここでは三点あげることにしたい．そして，この課題に回答する形式をとって，本書の今後の展望について述べたい．

　それらは，第一に，本書の分析，すなわち町村是と農家経済調査によって分析した消費の実態が，どの程度一般的であったのか，さらに検証を進める必要があること．第二に，第1章で取り上げたマクロの消費水準，すなわち『長期経済統計』による推計との関係である．第三に，町村是という村を単位とした資料と，農家経済調査という家を単位とした資料との関係をより明確にする必要があることである．

　これらの課題に対し，筆者の現時点の回答，すなわち本書の今後の展望は，次に示すとおりである．

　第一点については，町村是は約1,000町村分現存しており，とりわけ本書の第4章および中西(1989)で対象とした茨城県をはじめ，尾高・山内(1993・1994)が用いた新潟県，また，町村是発祥の地である福岡県，そして農会が非常に熱心に町村是運動を推進した島根県については，まとまった数の町村是を利用することができる[18]．そして，農

家経済調査は,現在も着実にデータベース化が進められており,その進展によって,利用可能な個票は,その数を大きく増やすであろう.

筆者は最終的には,同一の資料群を利用した分析を目指しており,本書は,同一の資料群を利用した分析の基礎となる資料論的考察に重点をおいたものであることを述べておきたい.

第二点については,第2章で述べたように,本書は『長期経済統計』による消費推計への批判を目的とするものではない.たしかに,本書が取り上げた消費の問題,すなわち,フローとストック,そして現物消費は『長期経済統計』では抜け落ちてしまう問題であり,本書は,その実態を解明することを目的としている.

しかし,『長期経済統計』を作成した一橋大学経済研究所において現在進められている『アジア長期経済統計[19]』の日本編改訂の際,これらの消費概念を考慮した推計を進めていけば,生活水準の議論における新たな側面に焦点をあてることが可能であろう.その意味において,本書の議論と『長期経済統計』による推計とは,相互補完的である.それはまた,ミクロ分析とマクロ分析とを結びつけることにもなると考えている.

第三点は,調査対象が,「村」という行政を単位とするもの,「家」という世帯を単位とするもの,についての関係である.たしかに,両者を統一して分析することは難しい.しかし,第6章で検討してきたように,町村是は町村を「一家と見做して」調査を行うものであり,「家」の収支勘定を十分に意識しているのである.加えて,日本における農家経済調査の先駆けである斎藤萬吉は,町村是を十分意識していたことも確認してきた.

本書では農家経済調査の勘定体系について,深く踏み込むことが出来なかった.だが,農家経済調査は,町村是と比較すると,より勘定体系が整ったものであり,現在進められている個票データベースの進展により,資料論的検討を深めることが出来ると確信している.さらに,町村是と農家経済調査は,ともに明治日本の工業化に伴い発生した,さまざまな農業の問題に対応するための調査であった.つまり,両者は共

---

[18] 筆者は,現在,島根県町村是のデータを収集し,消費の分析,とりわけ階層間の消費についての分析に着手している.
[19] 2014年12月現在,第1巻「台湾」,第3巻「中国」が,東洋経済新報社より刊行されている.

通の視点で農業の問題を調査したのである．その際，第6章で検討したように，地租改正による租税賦課の対象が，「村」から「家」変化したことによって，調査の対象を「農村」から「農家」へウェイトをおくことにした，と考えられないであろうか．よって，町村是と農家経済調査を共通の資料群として考察することは，意義をもつのではないだろうか．また，それは，資料論的なアプローチと実証分析が融合することにより，経済史研究における新たな事実発見を促すものであろう．

　最後に，ここで述べた本書の三つの展望は，次のことを意味する．すなわち，筆者は，明治中期から昭和戦前期までの農村・農家の経済史分析について，村を単位とした町村是，家を単位とした農家経済調査，これらの資料群を利用して分析をすすめることを目指しているのであり，その意味で，本書は，これからの研究の基礎を形成するため，資料論的考察による消費活動の分析をすすめた，ということもできるのである．

以　上

あとがき

　本書の執筆に際しては，多くのみなさまに大変お世話になっております．

　大学院入学以来，一橋大学斎藤修先生，佐藤正広先生，北村行伸先生にご指導いただいておりますこと感謝申し上げます．先生方には現在も研究全般についてのアドヴァイスに加え，科学研究費の研究に参加させていただいておりますことも感謝申し上げます．また，先生方のゼミナリステンのみなさまにも感謝申し上げます．

　尾髙煌之助先生には，論文をお送りすると，いつも的確なコメントを頂戴しておりますこと感謝申し上げます．黒崎卓先生には，開発経済学と経済史との道筋をご教示いただいておりますこと感謝申し上げます．本書のもとになった博士学位論文の審査において，森武麿先生，東京大学谷本雅之先生，大阪大学友部謙一先生に様々なご教示をいただきましたこと感謝申し上げます．

　本書で用いた資料の所蔵機関である一橋大学経済研究所附属社会科学統計情報研究センター，一橋大学附属図書館，茨城県立歴史館におかれましては，資料の利用をお認めいただきましたこと感謝申し上げます．

　学部の専門ゼミナールでご指導いただきました早稲田大学中野忠先生には，社会科学部という歴史学とは程遠いと思われる学部において，経済史研究の面白さと難しさをご教示いただきましたこと感謝申し上げます．また，日本法制史の島善高先生の教養ゼミナールでは，歴史学の研究をはじめさせていただきましたこと感謝申し上げます．

　いま思い起こせば，高等学校に在学中，職員室ではなく，いつも英語科準備室にいらっしゃったワンダーフォーゲル部の顧問田上浩先生には，研究と勉強との違いを最初に気付かせていただきましたこと感謝申し上げます．

　現在の職場において，経済史分野の松本俊郎，黒川勝利，福士純の各先生をはじめ，太田仁樹，春名章二，張星源，西垣鳴人，村井浄信，津守貴之，廣田陽子，釣雅雄，田原伸子，鈴木真理子の各先生，司書の草野由紀子氏，同僚のみなさまから様々な場

面でご教示ならびにご助力をいただいておりますこと感謝申し上げます．

　本書の刊行に際しては，御茶の水書房の小堺章夫氏にご助力いただきましたこと感謝申し上げます．

　研究の場でお世話になっております方々は，数え切れません．最後に，私事にわたりますが，いつも筆者の研究を支えてくれている両親と兄に感謝の意を表します．

2015 年 9 月

尾関　学

文献一覧

Ⅰ．刊行資料（(1),(2)は地域別，(3),(4)はABC順）

(1) 町村是の調査標準

全国農事会編(1901)『町村是調査標準』．

茨城県(1909)『郡市町村是調査標準』『茨城県報号外』明治42年5月27日．

新潟県『町村是調査基本様式付町村是下調様式』(1915)．

福岡県『市町村是調査様式』(1905)．

福岡県『市町村是調査下調様式』(1905)．

(2) 各町村是

『茨城県行方郡立花村是』(1909)．

『茨城県行方郡津知村是』(1911)．

『茨城県西茨城郡南山内町村是』(1912)．

神奈川県農会編(1903)．『神奈川県都筑郡中川村是調査書』神奈川県農会報第一五号．

山梨県中巨摩郡豊村役場編(1914)．『山梨県中巨摩郡豊村是調査書』．

中込茂作編(1915)．『山梨県西山梨郡清田村・国里村々是』山梨県西山梨郡清田村外
　一カ村組合役場．

『新潟県中頸城郡源村是』(1918)．

『富山県東砺波郡種田村是』(1925)．

『岐阜県揖斐郡川合村是』(1913)．

『奈良県生駒郡富雄村是』(1908)．

『奈良県生駒郡伏見村是』(1908)．

『和歌山県海草郡雑賀村是』(1911)．

『和歌山県海草郡中之島村是』(1913)．

『愛媛県温泉郡余土村是』(1901)

(3) 官公庁刊行資料

茨城県(1909)『茨城県統計書』明治42年度．

農林省経済更生部(1934)．『昭和六年度農家経済調査』．

農林省経済局統計調査部農林水産統計調査史編集室編(1958).『農林水産統計調査史編集資料(編の二〇) 農林省統計調査要綱輯覧(農家経済調査の部其の一)』農林省経済局統計調査部,(謄写版による内部資料.なお,本書では,復刻版である一橋大学経済研究所附属社会科学統計情報研究センター編(2008)を用い,引用もそれによる).

農商務省農務局(1924).『大正十年度農家経済調査』.

(4)その他

『山梨日々新聞』(1903).「郡是及町村是調査方針」明治36年6月6-7日.

『山梨日々新聞』(1914).「新模範町村」大正3年9月16日.

Ⅱ. 参考文献(ABC順)

阿部亮耳(1981).「農業簿記理論・実践・普及」大槻正男―学と人―刊行会(1981), pp.223-227.

穐本洋哉(1988).『前工業化時代の経済――「防長風土注進案」による数量的接近――』ミネルヴァ書房

相原茂・鮫島龍行編(1971)『統計日本経済』経済学全集28, 筑摩書房.

浅野幸雄.(1991).『近代ドイツ農業会計の成立』勁草書房.

浅見淳之(2009).「戦前期農家経済統計の簿記様式の変遷について」佐藤編(2009), pp.1-44.

Chayanov, A. V. (1923/57) *Die Lehre vonder Bauerlichen Wirtschaft: Versuch einer Theorie der Familienwirtschaft im Landbau*, Berlin: Parey (磯辺秀俊・杉野忠夫訳『小農経済の原理 増訂版』大明堂,本書では,邦訳版を用い,引用は,チャヤーノフ(1923/57),とする).

Deaton, A and J. Muellbauer (1980). Economics and consumer behavior, Cambridge; Cambridge University Press.

Deaton, A. and M. Grosh (2000). "Consumption", in Grosh and Glewwe (2000), *Designing Household Surveys*, Vol.1, pp.90-133.

Deaton, A and S. Zaidi (2002)., *Guidelines for Construsting Consumption:Aggregates for Welfare Analysis*. Living Standards Measurement Study Working Paper No.135, World Bank, WashingtonD.C.

江見康一・伊藤秋子編(1997).『テキストブック家庭経済学〔第3版〕』有斐閣.

絵所秀紀(1997).『開発の政治経済学』日本評論社.

絵所秀紀(2002).「開発経済学の思想的展開――歴史と理論の狭間」社会経済史学会編(2002), pp.515-526.

藤井雅太(1910).『郡市町村発展策|郡市町村是調査標準|』.

福井貞子(2000).『野良着』法政大学出版会.

Grosh, M and P. Glewwe, eds (2000)., *Designing Household Surveys:Questonnaires for Developing Countries---Lessons from 15 Years of the Living Standards Measurement Study*. 3 Vols. World Bank, WashingtonD.C.

原洋之介(2002).「開発経済学と『日本の経験』」社会経済史学会編(2002), pp.38-48.

原洋之介(2006).『「農」をどう捉えるか』書籍工房早山.

逸見謙三・梶井功編(1981).『農業経済学の軌跡』農林統計協会.

Hicks, J.R. (1971/72). *The Social Framework:An Introduction to Economics* (4th edition). OXFORD;The Clarendon Press. (酒井正三郎訳『第四版経済の社会的構造:経済学入門』同文舘, 本書では, 邦訳版を用い, 引用は, ヒックス(1971/72)とする).

一橋大学経済研究所編(1953).『経済統計』岩波書店.

一橋大学経済研究所附日本経済統計文献センター(1982).『「郡是・市町村是」資料目録:付「産業調査書」』同所発行.

一橋大学経済研究所附日本経済統計情報センター(1994).『「郡是・市町村是」資料目録追録・総索引』同所発行.

一橋大学経済研究所附社会科学統計情報研究センター編(2008).『農家経済調査マニュアル:復刻農林省統計調査要綱輯覧(農家経済調査の部其の一)』1-3, 統計資料シリーズNos.59-61, 同所発行.

一橋大学経済研究所附社会科学統計情報研究センター編(2013)『農家経済調査デー

タベース編成報告書Vol.8 自計式農家経済簿記とその理論』統計資料シリーズNo.71(一橋大学経済研究所附属社会科学統計情報研究センター)

Houthakker, H. S and L. D. Taylor (1966/68). *Consumer Demand in The United States, 1929-1970*. Cambridge Mass: Harverd University Press. (黒田昌裕・西川俊作・辻村江太郎訳『消費需要の予測——1929-'70年のアメリカ経済——』勁草書房,本書では,邦訳版を用い,引用は,ハウタッカー＝テイラー(1966/68),とする)

稲葉泰三編(1953).『農家経済調査報告：調査方法の変遷と累年成績』農業総合研究刊行会.

猪木武徳(1987).『経済思想』岩波書店.

伊大知良太郎編(1964).『生活水準』日本経済の分析5,春秋社.

伊大知良太郎(1964).「生活水準の経済理論」,伊大知編(1964),第1章,pp.3-34.

伊藤秋子(1977).『生活水準』光生館.

石田正昭(1996).「農家主体均衡論」,中安・荏開津編(1996),pp.119-132.

石田龍次郎(1966).「皇国地誌の編纂：その経緯と思想」一橋大学一橋学会編(1966)『社会学研究8』,pp.1-61.

石井寛治・原朗・武田晴人編(2000).『幕末維新期』日本経済史1,東京大学出版会.

泉田洋一編(2005).『近代経済学的農業・農村分析の50年』農林統計協会.

金沢夏樹編(1978).『農業経営学の体系』地球社.

神立春樹(1999).『明治期の庶民生活の諸相』御茶の水書房.

神崎博愛(1955).『農家家計経済の研究：農家の家計費配分に関する理論と計測』養賢堂.

桂利夫(1993).『農業簿記研究施設のあゆみに関する覚え書』非売品,京都大学農学部農業簿記研究施設.

鬼頭宏(1996).「生活水準」西川俊作・尾高煌之助・斎藤修編著『日本経済の200年』日本評論社,第19章,pp.425-446.

木戸田四郎(1978a).「県是・郡是および町村是の策定と農家実行組合(上)」『東北大学研究年報経済学』第39巻第4号,1978年3月,pp.93-112.

木戸田四郎(1978b).「県是・郡是および町村是の策定と農家実行組合(下)」『東北大

学研究年報経済学』第40巻第1号，1978年7月，pp.47-69.

小泉和子(1999).『道具と暮らしの江戸時代』吉川弘文館.

小島修一(1987).『ロシア農業思想史の研究』ミネルヴァ書房.

黒崎卓(2001).『開発のミクロ経済学』岩波書店.

草光俊雄(1988).「何か目新しいものを送られたし：ロンドン商人と英国北部の製造業者」『社会経済史学』第54巻第3号，pp.374-393.

草光俊雄(1992).「消費の社会経済史」社会経済史学会編(1992)，pp.277-285.

草光俊雄(2000).「徳から作法へ－消費社会の成立と政治文化」斎藤修編著『産業と革新：資本主義の発展と変容』岩波講座世界歴史22，岩波書店，pp.201-220.

桑原正信(1967).「農業簿記研究施設の回顧と今後の課題」『農業計算学研究』第1号，京都大学農学部農業簿記研究施設，pp.3-17.

京都大学農学部70年史編集委員会・京都大学農学部70年史編集専門委員会編(1993).『京都大学農学部70年史』非売品，京都大学農学部創立70周年記念事業会.

松村高夫(1970).「イギリス産業革命期の生活水準－ハートウェル＝ホブズボーム論争を中心として」『三田学会雑誌』第63巻12号，pp.25-37.

松村高夫(1989).「イギリス産業革命期における生活水準論争再訪(上)」『三田学会雑誌』第82巻2号，pp.353-372.

松村高夫(1990).「イギリス産業革命期における生活水準論争再訪(下)」『三田学会雑誌』第83巻1号，pp.133-155.

水本忠武(1998).『戸数割税の成立と展開』御茶の水書房.

森恒太郎(1909).『町村是調査指針』丁未出版社.

中川友長(1948).『生計費論』青也書店.

中嶋千尋(1957).「過剰就業と農家の理論」『大阪大学経済学』第6巻第3・4号，pp.194-224.

中嶋千尋(1983).『農家主体均衡論』富民協会.

中嶋千尋(1996).「図形経済学への招待」，TEA会(1996)，pp.57-80.

Nakajima, Chihiro (1969). *Subsistence and Commercial Family Farms: Some Theoretical Models of Subjecture Equilibrium*, in Wharton, ed (1969), pp.165-185.

Nakajima, Chihiro (1986). *Subjective Equilibrium theory of the farm household*. Amsterdam;Tokyo:Elsevier.

Nakamura,J.I. (1966/68). *Agricultural Production and The Economic Development of Japan* 1873-1922. Princeton, New Jersey;Princeton University Press.（宮本又次監訳『日本の経済発展と農業』東洋経済新報社，本書では，邦訳版を用い，引用は，ナカムラ(1966/68)とする）.

中村隆英(1971).『戦前期日本経済成長の分析』岩波書店.

中村隆英(1979).「長期統計の精度について－19世紀日本の若干の数字をめぐって」『経済研究』（一橋大学経済研究所），第30巻第1号, pp.1-9.

中村隆英(1992).「歴史統計論」社会経済史学会編(1992), pp.406-416.

中村隆英編著(1993).『家計簿からみた近代日本生活史』東京大学出版会.

中村洋一(1999).『SNA統計入門』日本経済新聞社.

中西僚太郎(1989).「明治末期の食料消費量－茨城県の場合－」，尾高煌之助・山本有造編著(1989).『幕末・明治の日本経済』数量経済史論集4, 日本経済新聞社, pp.255-275.

中西聡(2000)「文明開化と民衆生活」石井・原・武田編(2000), 第5章, pp.217-281.

中安定子・荏開津典夫編(1996).『農業経済研究の動向と展望』富民協会.

成松佐恵子(2000).『庄屋日記にみる江戸の世相と暮らし』ミネルヴァ書房.

西田美昭(1997).『近代日本農民運動史研究』東京大学出版会.

西川俊作(1985).『日本経済の成長史』東洋経済新報社.

西川俊作・阿部武司(1990).「概説1885－1914年」，同編著『産業化の時代 上』日本経済史4, 岩波書店, pp.1-77.

西川俊作(2012).『長州の経済構造：1840年代の見取り図』東洋経済新報社.

西川俊作(2013), 牛島利明・斎藤修編.『数量経済史の原点：近代移行期の長州経済』慶応義塾大学出版会.

西川俊作・石部祥子(1975a).「1840年代の三田尻宰判の経済計算(1)」『三田学会雑誌』第68巻9号, pp.663-684.

西川俊作・石部祥子(1975b).「1840年代の三田尻宰判の経済計算(2)」『三田学会雑誌』

第68巻10号, pp.707-732.

西村博行(1969).『農業会計』明文書房.

野田孜(1964).「農村の生活水準」伊大知編(1964), 第4章, pp.135-178.

Nou, Joosep (1967/72). *Studies in the Development of Agricultural Economics in Europe*, Uppsala:Almqvist & Wiksells. (本書の部分訳として, 矢島武監訳(1972)『農業経営学の系譜』明文書房. 本書では, 邦訳版を用い, 引用は, ナウ(1967/72), とする.)

農林省統計情報部・農林統計研究会編(1975).『農家経済調査史』農業経済累年統計第3巻, 農林統計研究会.

沼田誠(1987).「大正・昭和期の農家経済の一断面：労働・消費の一体的構造に関連させて」『農業経済研究』第59巻3号, pp.146-161.

沼田誠(2001).『家と村の歴史的位相』日本経済評論社.

小尾恵一郎(1971).「労働供給の理論」西川俊作編(1971).『労働市場』, 日本経済新聞社, pp.3-23.

尾高煌之助・山内太(1993).「大正期農家貯蓄の決定要因——新潟県蒲原の村是による考察——」『経済研究』(一橋大学経済研究所), 第44巻第4号, pp.320-329.

尾高煌之助・山内太(1994).「経済データとしての町村是の性質——新潟県村是の資料的検討——」『社会科学研究』(東京大学社会科学研究所), 第46巻第1号, pp.193-228.

荻山正浩・山口由等(2000).「国内市場＝生活水準」石井・原・武田編(2000), pp.191-198.

大場正巳(1960).『農家経営の史的分析－明治初期以降農地改革にかけての東北一農家の展開構造－』農業総合研究所

大門正克(1992).『明治・大正の農村』岩波書店.

大川一司他(1967).『物価』長期経済統計8, 東洋経済新報社.

大橋博(1982).「明治町村是と福岡県」, 同『地方産業の発達と地主制』臨川書店, 第7章, pp.195-210.

大槻正男(1925).「露西亜に於ける最近の農業経済学の発達」『帝国農会報』第14巻第

1号,pp.16-17.

大槻正男(1938).『農家経済簿記』養賢堂.

大槻正男(1941).『農業労働論』西ヶ原刊行会.

大槻正男(1955).「農業会計」神戸大学会計学研究室編『会計学辞典』同文館, pp.730-732.

大槻正男―学と人―刊行会(1981).『大槻正男―学と人―』大槻正男著作集別巻, 楽游書房.

尾関学(1999).『明治・大正期の茨城県における被服消費:町村是による資料論的考察』一橋大学大学院経済学研究科修士論文, 一橋大学付属図書館蔵(請求記号Ayy: 2148).

尾関学(2002).『消費の経済史を目指して:明治期茨城県下町村是による被服消費構造の分析』一橋大学大学院経済学研究科博士後期課程単位修得論文, 一橋大学附属図書館蔵(請求記号Ayz: 1108).

尾関学(2003).「フローとストックの被服消費:明治後期茨城県町村是による分析」『社会経済史学』第69巻第2号, pp.211-225.

尾関学(2004).「大正初期の「村民所得」―山梨県町村是による推計の試み―」一橋大学経済研究所Hi-Stat Discussion Paper Series, No.52.

尾関学(2009a).「両大戦間期の農家現物消費:予備的考察」『経済研究』(一橋大学経済研究所), 第60巻第2号, pp.112-125.

尾関学(2009b).「1931-41年の農家経済調査」佐藤編(2009)., pp.123-153.

尾関学(2009c)『戦前日本の農村・農家の勘定体系からみた消費の実態――1890-1910年の町村是と1930年代の農家経済調査による資料論的アプローチ』一橋大学大学院経済学研究科博士学位論文, 一橋大学附属図書館蔵(請求記号Azaa: 932).

尾関学(2013a).「所得勘定体系と消費」, 西川(2013), 第8章8.1, pp.163-171.

尾関学(2013b).「大槻正男『自計史式農家経済簿記とその理論:英語版』について」一橋大学経済研究所附属社会科学統計情報研究センター編(2013), pp.1-13.

尾関学・佐藤正広(2008).「戦前日本の農家経済調査の今日的意義:農家簿記からハウスホールドの実証研究へ」『経済研究』(一橋大学経済研究所)第59巻第1号,

pp.59-73.

Sadoulet, Elisabeth, and Alain de Janvry. (1995) *Quantitative Development Policy Analysis*, Baltimore:Johns Hopkins University Press.

斎藤萬吉(1912).「町村是調査」『帝国農会報』第2巻第3号，pp.13-15.

斎藤萬吉(1919/76).『日本農業の経済的変遷』西ヶ原叢書刊行会(復刻版『実地経農業指針，日本農業の経済的変遷』明治大正農政経済名著集9，農山漁村文化協会，1976年).

斎藤修(1998).『賃金と労働と生活水準：日本経済史における18-20世紀』岩波書店.

斎藤修(2006).「農村のくらし」，山梨県『山梨県史』通史編6，近現代2，山梨県，pp.142-159.

斎藤修(2008).『比較経済発展論：歴史的アプローチ』一橋大学経済研究叢書56，岩波書店.

斎藤修(2009).「農家世帯内の労働パターン：両大戦間期17農家個票データの分析」『経済研究』(一橋大学経済研究所)第60巻2号.

斎藤修・尾関学(2004).「第一次世界大戦前の山梨農村における消費の構造」，有泉貞夫編(2004)『山梨近代史論集論文集』岩田書院，pp.153-181.

作間逸雄編(2003)『SNAがわかる経済統計学』有斐閣.

佐々木豊(1970).「村是調査の構造と論理－その調査様式を中心に」『農村研究』(東京農業大学農業経済学会)，第31号，pp.28-38.

佐々木豊(1971)「村是調査の論理構造－福岡県浮羽郡・八女郡殖産調査を中心に」『農村研究』(東京農業大学農業経済学会)，第32号，pp.34-43.

佐々木豊(1978).「町村是・県是運動の社会過程」『農村研究』(東京農業大学農業経済学会)，第46号，pp.31-47.

佐々木豊(1979).「町村是調査運動と農村自治」『村落社会研究』第十五集，御茶の水書房，pp.3-37.

佐々木豊(1980).「町村是調査の様式と基準」『農村研究』(東京農業大学農業経済学会)，第50号，pp.99-112.

佐藤寛次(1915).『農家の簿記』成美堂書店.

佐藤正広(1987).「明治期生産統計における自給的農産物の取扱いについて：明治39・40年『富山県経済的民力調査』と素材として」『経済研究』(一橋大学経済研究所)，第38巻第4号，pp.353-357.

佐藤正広(2002)『国勢調査と日本近代』一橋大学経済研究叢書51，岩波書店.

佐藤正広(2009).「台湾における農家経済調査─比較史的観点から」，佐藤編(2009)，pp.197-242.

佐藤正広(2012)『帝国日本と統計調査──統治初期台湾の専門家集団』一橋大学経済研究叢書60，岩波書店.

佐藤正広編(2009).『農家経済調査の資料論研究：斎藤萬吉調査から大槻改正まで(1880-1940年代)』統計資料シリーズNo.63，一橋大学経済研究所附属社会科学統計情報研究センター.

社会経済史学会編(1984).『社会経済史学の課題と展望』，社会経済史学会創立50周年記念，有斐閣.

社会経済史学会編(1992).『社会経済史学の課題と展望』，社会経済史学会創立60周年記念，有斐閣.

社会経済史学会編(2002).『社会経済史学の課題と展望』，社会経済史学会創立70周年記念，有斐閣.

社会政策学会編(1915/76).『小農保護問題』明治大正農政経済名著集13，農山漁村文化協会.

鹿股寿美恵(1966).『明治後期における農家生活の実証研究』非売品，製作：中央公論事業出版.

四方康行(1996).『ドイツにおける農業会計の展開』農林統計協会.

篠原三代平(1958).『消費函数』勁草書房.

篠原三代平(1967).『個人消費支出』長期経済統計6，東洋経済新報社.

Singh, Inderjit, Squire, Lyn and Strauss, John, eds. (1986) *Agricultural Household Models : Extenshons, Applications, and Policy*, Baltimore and London:The Johns Hopkins University Press.

祖田修(1973).『前田正名』吉川弘文館.

祖田修(1980).『地方産業の思想と運動:前田正名を中心にして』ミネルヴァ書房.

Stevenson,. Russell and Locke Virginia O.,. eds., (1989) *The Agricultural Development Council:A History*, Morrilton:Winrock International Institute for Agricultural Development.

高橋益代(1982).「『町村是』資料について」一橋大学経済研究所日本経済統計文献センター(現,社会科学統計情報研究センター)『「郡是・市町村是」資料目録-付「産業調査書」』統計資料シリーズNo.23, pp.19-37

高松信清(1975).「町村是の『農業経済関係内容目録』」農林省統計情報部編『農産物生産費調査史』農業経済累年統計第6巻,農林統計研究会,pp.385-442.

田村均(2004).『ファッションの社会経済史:在来織物業の技術革新と流行市場』日本経済評論社.

田中修(1951).「農家経済活動の分析」『農業経済研究』第22巻第4号,pp.1-22.

田中修(1967).『農業の均衡分析』有斐閣.

谷本雅之(1998).『日本における在来的経済発展と織物業:市場形成と家族経済』名古屋大学出版会.

TEA会記念事業準備委員会(1972).『農業経済学と私』非売品,TEA会.

TEA会(1996).『農業経済学と政策分析』非売品,TEA会.

TEA会(1998).『開発経済学の新方向』非売品,TEA会.

東畑精一(1981).「故大槻正男氏追悼の辞」,大槻正男一学と人一刊行会(1981), pp.14-23.

統計研究会・長期経済統計研究委員会(1968).『長期経済統計の整備改善に関する研究』第Ⅱ巻.

東京大学百年史編集委員会編(1987).『東京大学百年史部局史二』東京大学出版会.

友部謙一(2007).『前工業化期日本の農家経済:主体均衡と市場経済』有斐閣.

鳥居泰彦(1979)『経済発展理論』東洋経済新報社.

辻村江太郎(1964).『消費者行動の理論:消費・需要関数の基礎』有斐閣.

辻村江太郎(1968).『消費構造と物価』勁草書房.

Varian, H. R. (2005/07). Intermediate Microeconomics (7th edition).W.W. Norton.

(佐藤隆三監訳『入門ミクロ経済学[原著 第7版]』勁草書房,本書では,邦訳版を用い,引用は,ヴァリアン(2005/07)とする)

Wharton, Clifton R. Jr., ed., (1969) *Subsistence Agriculture and Economic Development*, Chicago:Aldine Publishing Company.

藪内武司(1995)『日本統計発達史研究』岐阜経済大学研究叢書7,法律文化社.

矢木明夫(1978).『生活経済史：昭和・大正篇』評論社.

矢木明夫(1984).「生活史の成果と課題：日本」,社会経済史学会編(1984), pp.347-353.

山田龍雄(1943).「明治二十七年福岡県浮羽郡に於ける村是調査書を中心として」『農業経済研究』第19巻第3号, pp.148-149.

山本千映(2013).「1936年農業経営調査の成立過程：英国における全国統計調査実施の一側面」,『大阪大学経済学』第63巻第1号, pp.253-279.

山瀬善一(1984).「生活史の成果と課題：西欧」,社会経済史学会編(1984), pp.335-346.

山瀬善一(1985).「《生活史》の提言：人間不在の経済史学からの脱却のために」『神戸大学経済学研究年報』31, pp.1-56.

柳田國男(1911/91).「農業経済と村是」『時代ト農政』聚精堂,所収(本書では,『柳田國男全集29』ちくま文庫版,筑摩書房,1991年を使用し,引用もそれによる).

矢野誠(2001).『ミクロ経済学の基礎』岩波書店.

安元稔編著(2007).『近代統計制度の国際比較：ヨーロッパとアジアにおける社会統計の成立と展開』日本経済評論社.

Yasuzawa Mine (1982a). "Changes in lifecycle in Japan:Pattern and structure of modern consumption", H.Baudet and Henk van der Meulen (eds)., *Consumer Behaviour and Economic Growth in the Modern Economy*, London, pp.181-205.

Yasuzawa Mine (1982b). "Changes in Household Consumption After 1900", *Kobe College Studies*. Vol.ⅩⅩ, No.2, pp.79-86.

横井時敬(1927).『小農に関する研究』丸善.

横山周次・大槻正男(1926).「世界各国に於ける農業簿記制〔一〕」『農業経済研究』第

2巻第4号,pp.83-112.

横山周次・大槻正男(1928).「世界各国に於ける農業簿記制〔二完〕」『農業経済研究』第4巻第2号,pp75-99.

頼平(1978).「主体均衡論的農業経営学の展開」,金沢編(1978),pp.186-206.

人名索引

猪木武徳　　13, 87
大槻正男　　127-136, 141-143
尾髙煌之助　　59, 66
小尾恵一郎　　123
神立春樹　　61-63, 86
斎藤修　　17, 87, 174
斎藤萬吉　　3, 9, 33, 37, 47-49, 84-85, 92, 121-122, 125, 131, 178
佐々木豊　　49-55, 73
佐藤寛次　　122, 125-126, 130-133
佐藤正広　　9, 34, 79, 121-122
篠原三代平　　32-34, 71
田中修　　136-143
チャヤーノフ, A. V.　　130-138, 142-143, 165
中嶋千尋　　136-142
中西僚太郎　　63-65, 74
中村隆英　　16, 22, 34, 65
西川俊作　　1, 36, 54, 57
野田孜　　27-28, 69
ヒックス, J. R.　　25-26, 136
福田徳三　　131-132
前田正名　　9, 43-49, 55, 73, 91-92, 122
森恒太郎　　12, 63, 105
矢木明夫　　17-20, 30-31
柳田国男　　19, 47-49
山内太　　59, 66
横井時敬　　122, 125, 130-133
ラウル, E. F.　　127-133

事項索引

勘定体系　　3, 11-12, 43, 73-74, 93, 173, 179-180
減価償却　　25-27, 35, 54-57, 72, 85, 108-109, 113-117
『興業意見』　　9, 43, 46, 55
皇国地誌　　41-43
個票，小票，個票調査　　12, 55, 105, 144, 166, 169
消費　　2-3, 12-14, 17-22, 60-67, 90, 166-173
自家消費　　13, 34
自家生産　　80-83, 95-105, 168-173
消費概念　　13, 24-29, 35, 52, 73-78
消費水準　　70-73, 84-86
資料論　　3-4, 13, 26, 37, 49-60, 63, 66-67, 70, 73-78, 88, 176-177
ストック　　2-4, 12-13, 24-29, 36, 55-57, 67-117, 158, 165-180
生活史　　30-31
生活消費　　74-78, 83-86
生活水準指標調査（Living Standards Measurement Survey; LSMS），世銀調査
　　71-72, 87, 166-168
生産消費　　63-65, 74-83
耐久消費財　　13, 24-29, 56-57, 69-73, 176
大日本国誌　　41-43
『長期経済統計』　　1, 3, 11, 31-36, 55, 65, 71, 84-85, 153, 179-180
調査標準　　10-12, 43-59, 63-64, 73-75, 79, 92-93, 105, 176
町村是　　1-3, 12, 36-37, 43-60, 73-86, 89-93, 121-123, 176-181
帝国農会　　125-126, 131-133
統計調査　　7-12, 41
統計調査史　　3, 12-14, 176
農家経済調査　　3-4, 9, 12-13, 33, 36-37, 47-48, 121-127, 131-133, 136, 142-181
農家主体均衡論　　4, 124, 131-144, 178
ハウスホールド・モデル　　4, 124, 137-144, 173, 178
フロー　　2-4, 12-13, 17, 24-29, 35-36, 55, 67-116, 158, 165-180
『防長風土注進案』　　11, 35-36, 57

著者紹介

尾関　学（おぜき　まなぶ）

1973年生まれ。
1997年　早稲田大学社会科学部 卒業
1999年　一橋大学大学院経済学研究科 修士課程修了
2002年　一橋大学大学院経済学研究科 博士後期課程単位修得退学
2009年　博士（経済学）（一橋大学）

2002年　一橋大学大学院経済学研究科 助手
2003年　一橋大学経済研究所 COE 研究員
2009年　一橋大学経済研究所 特任講師
2010年　岡山大学大学院社会文化科学研究科（経済学系）准教授

戦前期農村の消費――概念と構造――

2015年10月20日　第1版第1刷発行

著　者　尾関　学
発行者　橋本　盛作
発行所　株式会社 御茶の水書房
〒113-0033　東京都文京区本郷5-30-20
電話　03-5684-0751
Fax　03-5684-0753
印刷・製本／シナノ印刷㈱

Printed in Japan
Manabu Ozeki ©2015
ISBN978-4-275-02027-7 C3033

日本資本主義と農業保護政策	暉峻衆三編著	菊判・八〇〇頁 価格一〇〇〇〇円
昭和恐慌下の農村社会運動	西田美昭編著	A5判・九一二頁 価格一五〇〇〇円
産業革命期における地域編成	神立春樹著	A5判・二八〇頁 価格二八〇〇円
近代産業地域の形成	神立春樹著	A5判・二六四頁 価格二六〇〇円
明治文学における明治の時代性	神立春樹著	A5判・二三二頁 価格三三〇〇円
日本における地方行財政の展開	坂本忠次著	A5判・四八二頁 価格四八〇〇円
近代日本における地主・農民経営	森元辰昭著	A5判・三二八頁 価格三二〇〇円
日本地主制の展開と構造	大栗行昭著	A5判・六三二頁 価格六三〇〇円
近代日本の農村社会と農地問題	島袋善弘著	A5判・六六四頁 価格六六〇〇円
日本農地改革史研究	庄司俊作著	A5判・六九二頁 価格六九〇〇円
大恐慌期日本の通商問題	白木沢旭児著	A5判・四一二頁 価格四一〇〇円
両大戦間期の組合製糸	田中雅孝著	A5判・七三二頁 価格七三〇〇円
地主経営と地域経済	横山憲長著	A5判・八五二頁 価格八五〇〇円

御茶の水書房
（価格は消費税抜き）